化学工业出版社"十四五"普通高等教育规划教材

HUAGONG YUANLI SHIYAN

化工原理实验

于 杰 吕 丹 单 译 主编

U0161603

化学工业出版社
·北京·

内容简介

《化工原理实验》主要内容包括：绪论、测量误差分析和数据处理、测量仪表和测量方法、基础实验、演示实验和标定实验、综合性实验等内容。 本书注重培养学生的综合素质，通过实验操作使学生掌握化工生产的单元操作技能及实验研究方法，同时，培养学生的实验设计、实施及创新能力。

《化工原理实验》可作为高等院校化工及相关专业的化工原理实验教材或教学参考书，也可作为化工、生物工程、环境工程等专业的研究人员的参考用书。

图书在版编目（CIP）数据

化工原理实验/于杰，吕丹，单译主编. —北京：化学
工业出版社，2023.12
化学工业出版社"十四五"普通高等教育规划教材
ISBN 978-7-122-44721-0

Ⅰ.①化…　Ⅱ.①于…②吕…③单…　Ⅲ.①化工
原理-实验-高等学校-教材　Ⅳ.①TQ02-23

中国国家版本馆 CIP 数据核字（2023）第 236869 号

责任编辑：褚红喜　　　　　　　　　文字编辑：葛文文
责任校对：宋　玮　　　　　　　　　装帧设计：张　辉

出版发行：化学工业出版社
　　　　　（北京市东城区青年湖南街 13 号　邮政编码 100011）
印　　装：北京科印技术咨询服务有限公司数码印刷分部
787mm×1092mm　1/16　印张 9¾　字数 237 千字
2024 年 3 月北京第 1 版第 1 次印刷

购书咨询：010-64518888　　　　　售后服务：010-64518899
网　　址：http://www.cip.com.cn
凡购买本书，如有缺损质量问题，本社销售中心负责调换。

定　价：29.80 元　　　　　　　　　　　版权所有　违者必究

《化工原理实验》编写组

主　　编：于　杰　吕　丹　单　译

副 主 编：赵培余　张林楠　关银燕　王　欢

其他编者：高维春　耿　聪　吴　阳　刘　利

　　　　　张　琨　姜　宁　刘思乐　厉安昕

　　　　　吴晓艺

前　言

化工原理实验是高等学校化工类专业及其他相关专业的基础实验课程，是深入学习化工原理基础理论知识的重要途径。化工原理实验是将过程原理与工程实际相结合，培养学生分析和解决工程实践问题能力，提高学生科学研究和创新能力的重要实践课程。

本书共有六章。第 1 章绪论，主要介绍了实验的主要内容及要求、实验过程的基本安全知识，帮助同学们了解化工原理实验课程的学习方法以及实验过程中应注意的安全问题。

第 2 章测量误差分析和数据处理，主要介绍了测量误差的概念、分类、特点及其表征，测量结果的数据处理等，以便学生正确地进行实验数据的处理。

第 3 章测量仪表和测量方法，主要介绍了化工实验及生产中常用测量仪表的工作原理与特点。

第 4 章基础实验，主要介绍了流体流动阻力测定实验等 8 个经典的化工原理基础实验。

第 5 章演示实验和标定实验，主要介绍了雷诺实验、流体机械能转化实验、板式塔流体力学性能实验、边界层分离实验、测温仪表标定实验、测压仪表标定实验、流量计标定实验。

第 6 章综合性实验，针对应用更加灵活、性能更完备的现代化综合性实验设备，介绍了利用综合性实验设备开展多个化工原理基础实验的方法。通过综合性实验设备，教师可以根据教学需要自行设计实验或者由学生设计实验内容，既实现了教师的灵活教学，也有利于培养学生的动手能力和创新能力。其中，液-液萃取虚实结合实验为创新型实验。该实验原有物系为水-煤油-苯甲酸体系，煤油是芳烃混合物，气味刺鼻，污染环境，闪点低，容易燃烧，具有环境安全隐患，因此，利用现有实验设备，设计了讲解演示与虚拟仿真相结合的创新型实验，有利于培养学生实践能力和创新精神，也可供实验教师作为教学参考。本实验的教学设计为教师面对不适用于线下实际教学的课程提供了新的教学思路。

本书力求内容充实、实用，具有一定的创新性。为方便学生更好地了解实验内容，在基础实验和综合性实验中配有二维码，通过扫描二维码可以看到各个实验的讲解视频。

本书的策划、统稿和定稿由沈阳工业大学于杰、吕丹和沈阳科技学院单译完成，参加本书编写工作的还有沈阳工业大学赵培余、张林楠、关银燕、高维春、耿聪、吴阳、张琨、吴晓艺、刘利，沈阳科技学院刘思乐、王欢、厉安昕，沈阳市第七中学姜宁等，其中赵培余和姜宁负责图表的制作与修改。在此，对各位致以衷心的感谢。非常感谢北京欧倍尔软件技术开发有限公司、莱帕克（北京）科技有限公司、北京理工大学化工原理移动仿真实验室、西仪服科技有限公司提供技术资料与技术支持。本书也参考了其他兄弟院校的有关教材，在此也向有关教材的作者表示诚挚的谢意。

鉴于编者学识和经验有限，书中难免出现不妥之处，衷心希望广大读者批评指正，帮助本书日臻完善。

编者

2023 年 11 月

目　录

第 6 章　综合性实验 / 114

参考文献　/ 148

第1章

绪论

1.1 概述

1.1.1 化工原理实验课程的特点和重要性

化工原理实验属于工程实验范畴，它是用自然科学的基本原理和工程实验方法来解决化工及相关领域的工程实际问题。化工原理实验的研究对象和研究方法与物理化学等基础学科明显不同。在基础学科中，较多的是以理想化的简单的过程或模型作为研究对象，如理想气体的行为、卡诺循环等。研究的方法也是基于理想过程或模型的严密的数学推理方法，而工程实验则以实际工程问题为研究对象，对于化学工程问题，由于被加工的物料千变万化，设备大小和形状相差悬殊，涉及到的变量繁多，实验研究的工作量之大之难是可想而知的。因此，在面对实际工程问题时，要求采用不同于基础学科的实验研究方法，即处理实际问题的工程实验方法。化工原理实验就是一门以处理工程问题的方法指导人类研究和处理实际化工过程问题的实验课程。

化工原理课程的教学在于指导学生掌握各种化工单元操作的工程知识和计算方法，但由于化工过程问题的复杂性，许多工程因素的影响仅从理论上是难以解释清楚的，或者虽然能从理论上做出定性的分析，但难于给出定量的描述，特别是有些重要的设计或操作参数，根本无法从理论上计算，必须通过必要的实验加以确定或获取。对于初步接触化工单元操作的学生或相关工程技术人员来说，更有必要通过实验来加深对有关过程及设备的认识和理解。因此，化工原理实验在化工原理教学过程中占有不可替代的重要地位。

1.1.2 化工原理实验课程的研究内容

一个化工过程往往由很多个单元过程和设备组成，为了进行完善的设计和有效的操作，化学工程师必须掌握并正确判断有关设计或操作参数的可靠性，必须准确了解并把握设备的特性。对于物性数据，文献中已有大量发表的数据可供直接使用，设备的结构性能参数大多可从厂商提供的样本中获取，但还有许多重要的工艺参数，不能够由文献查取，或文献中虽有记载，但由于操作条件的变化，这些参数的可靠性难以确定。此外，化工过程的影响因素众多，有些重要工程因素的影响尚难以从理论上解释，还有些关键的设备特性和过程参数往往不能由理论计算而得。所有这些，都必须通过实验加以研究解决。因此，采取有效的实验研究方法组织必要的实验以测取这些参数，或通过实验来加深理解基础理论知识的应用，掌握某些工程观点，把握某些工程因素对操作过程的影响，了解单元设备的操作特性，不仅十分重要而且是十分必要的。

化工原理实验课程中研究的化工单元过程问题及参数如表 1-1 所示。

表 1-1　化工原理实验课程中研究的化工单元过程问题及参数

单元操作	研究的问题	过程参数	工程方法	知识点
流体输送	流体阻力,管壁粗糙度	摩擦系数	量纲分析法	流体阻力,机械能衡算
流体输送机械	离心泵特性,离心泵操作	扬程,功率,效率	直接实验法,过程分解法	离心泵特性,机械能衡算,离心泵工作点,离心泵流量调节
过滤	过滤速率,过滤介质	过滤常数	数学模型法,参数综合法	过滤速率,过滤推动力与阻力
传热	对流传热系数	传热系数	量纲分析法,过程分解与合成法	传热速率,传热推动力与阻力,能量衡算
精馏	精馏塔效率,精馏塔操作	效率,回流比,灵敏板温度,塔釜压力	变量分离法	物料衡算,采出率,塔板流体力学,塔效率
吸收	传质速率,吸收塔操作	传质系数	参数综合法,变量分离法,过程分解与合成法	物料衡算,传质速率,传质推动力与阻力,吸收三要素
干燥	干燥速率	临界含水量,平衡含水量	直接实验法	干燥过程特点,干燥速率

1.1.3　化工原理实验课程的教学目的

化工原理实验是培养学生实验研究能力的重要环节，通过实验应达到如下目的：

① 验证有关化工单元操作的基本理论，并通过实验加深对理论知识的理解和运用。

② 熟悉实验装置的流程、原理，以及化工中常用的仪表，使学生建立工艺流程的初步概念。

③ 掌握化工原理实验方法和技巧，学习实验操作过程的分析和故障的处理方法。

④ 培养工程观点，训练学生实验方案的设计和确定的能力，科学进行数据处理的能力，以及运用文字、图表等形式编写技术报告的能力。

⑤ 培养学生实事求是、严肃认真的科学态度。

总之，化工原理实验是对学生进行工程实践的初步训练，为以后做好专业实验和实际工作打下扎实的基础。

1.1.4　化工原理实验课程的教学方法

化工原理实验课程由若干教学环节组成，即实验理论课、实验前预习、实验前提问、实验操作、撰写实验研究报告、实验考核。

实验理论课主要阐明实验方法、实验基本原理、流程设计、测试技术及仪表的选择和使用方法、典型化工设备的操作、实验操作的要点和数据处理、注意事项等内容。

为了能很好地完成每个实验，学生在实验前必须做好预习，认真阅读实验指导书，了解实验目的、原理、要求，详细了解实验装置流程、设备的构造、仪器仪表的使用方法、实验操作步骤、实验数据的测量方法、数据的处理方法等，以期达到预定的实验目的。

实验前提问是为了检查学生对实验内容的了解程度。

实验操作是整个实验教学中最重要的环节，要求学生在实验中，按照实验步骤进行操作，做到正确操作；安排好测量点的范围和测量点数目，认真观察各种现象、仪表读数的变化，将实验数据准确记录在原始数据表中，对实验中出现的问题找出原因并加以解决，必要时重复实验。在实验中要注意培养学生严谨求实的科学态度和认真负责的工作作风。

实验完成后，认真进行实验总结，科学处理实验数据，编写实验研究报告。实验研究报告应独立完成，并按标准的科研报告形式撰写，要求书写工整、图表美观清晰、结论明确、分析中肯。

实验考核以考试方式进行，主要是为了检查学生的独立学习情况和对所学知识的掌握程度。

1.1.5 化工原理实验课程的教学基本要求

（1）掌握处理工程问题的实验研究方法

化工原理实验课程中贯穿着处理工程问题的实验研究方法的主线，这些方法对于处理工程实际问题是行之有效的，正确掌握并灵活运用这些方法，对于培养学生的工程实践能力和过程开发能力是很有帮助的。在教学过程中应结合具体实验内容重点介绍有关工程研究方法的应用。

（2）熟悉化工数据的基本测试和仪表的选型及应用

化工数据包括物性参数（如密度、黏度、比热容等）、操作参数（如流量、温度、压力等）、设备结构参数（如管径、管长等）和设备特性参数（如阻力系数、传热系数、传质系数、功率、效率等）等数据。物性参数可从文献或有关手册中直接查取，而操作参数则需在实验过程中采用相应的测试仪表测取。学生应熟悉化工常用测试技术及仪表的使用方法，如流量计、温度计、压力表、传感器、热电偶等。设备特性参数一般要通过数据的计算整理而得到。

（3）熟悉并掌握化工典型单元设备的操作

化工原理实验装置在基本结构和操作原理方面与化工生产装置基本是相同的，所处理的问题也是化工过程的实际问题，学生应重视实验中设备的操作，通过操作了解有关影响过程的参数和装置的特性，并能根据实验现象调整操作参数，根据实验结果预测某些参数的变化对设备性能的影响。

（4）掌握实验规划和流程设计的方法

正确地规划实验方案对于实验顺利开展并取得成功是十分重要的，学生要根据实验理论课的学习和有关实验规划设计理论知识正确地制订详细可行的实验方案，并能正确设计实验流程，特别要注意的是测试点和控制点的配置。

（5）严肃记录原始数据，熟悉并掌实验数据的处理方法

在实验过程中，学生应认真观察和分析实验现象，严肃记录原始实验数据，培养严肃认真的科学研究态度。要熟悉并掌握实验数据的常用处理方法，根据有关基础理论知识分析和解释实验现象，并根据实验结果归纳总结过程的特点或规律。

1.1.6 实验报告书写要求

实验报告应包括以下几方面的内容：

（1）实验目的

简明扼要地说明为什么要进行这个实验，该实验要解决什么问题。

（2）实验内容

根据实验指导书，简明扼要地说明该实验的具体内容。

（3）实验原理

简要说明实验所依据的基本原理，包括实验涉及的主要概念、实验依据的重要定律和公式。

（4）实验装置的流程示意图

画出实验装置流程简图，标明设备、仪器仪表及调节阀等的标号，在流程图的下面写出图名及与标号相对应的设备仪器等的名称。

（5）实验步骤和注意事项

根据每一实验的实际操作程序，按时间的先后划分为几个步骤，写明具体操作内容。对于容易引起危险、损坏仪器仪表或设备以及一些对实验结果影响比较大的操作，要在注意事项里明确说明。

（6）原始实验数据

在实验过程中，从测量仪表上正确读取实验数据，并记录在原始数据记录表格中。

（7）数据处理

这部分是实验报告的重点内容之一，要求把实验数据整理、加工成图或表格的形式。数据整理时应根据有效数字的运算规则进行。以某一组原始数据为例，把各项计算过程列出，将主要的中间计算值和最后计算结果列在数据整理表格中，表格要精心设计，使其易于显示数据的变化规律及各参数的相关性。有时为了更直观地表达变量间的相互关系，采用作图法，即用相对应的各组数据确定出若干坐标点，然后依点画出相关曲线。实验数据不经重复实验不得修改，更不得伪造数据。

（8）实验结果分析与讨论

此部分应对实验方法和结果进行综合分析与研究。讨论的内容包括：

① 从理论上对实验所得结果进行分析和解释，说明必然性；

② 对实验中的异常现象进行分析讨论；

③ 分析误差的大小和原因，讨论如何提高测量精度；

④ 该实验结果在生产实践中的价值和意义；

⑤ 由实验结果提出对实验方法、装置的改进建议，并提出进一步的研究方向或技术创新点。

（9）实验结论

实验结论是针对该实验所能验证的概念、原则或理论的简明总结，应从实验结果中归纳出一般性、概括性的判断，要准确、客观、严谨，从实际出发，有理论根据。

1.2 化工原理实验基本安全知识

1.2.1 实验室安全教育管理规定

① 学生首次进入实验室前，需接受实验室教师的安全教育，也可以通过实验室安全虚

拟仿真软件了解实验室安全信息。

② 学生进入实验室前应接受安全考试，考试合格后方可进入实验室。

③ 实验中涉及水、电开关的情况下，学生应在指导教师指导下操作，严禁擅自操作。

④ 传热实验中使用高压高温蒸汽，操作中需戴防护手套，防止灼伤，同时蒸气压不宜过高，防止泄漏。

⑤ 涉及易燃化学品（如乙醇、正丙醇等）的实验，在实验室中严禁烟火。

⑥ 学生在进入实验室时应注意观察安全通道，在发生意外事故时应及时有效疏散。

⑦ 实验室内外均备有灭火设备，学生应注意防护，不准随意挪位置。

⑧ 注意观察洗眼器的位置。

⑨ 不准穿拖鞋、带钉鞋进入实验室。进实验室前要先穿好鞋套。

1.2.2　实验室安全消防知识

1.2.2.1　燃烧、火灾与爆炸

燃烧属于一种化学反应，具有有利的一面，但失控也会带来灾难。在化工类实验室，经常需要加热操作、灼烧试样或进行一些容易发生燃烧的化学反应，同时实验中也经常使用一些具有易燃、易爆性的试剂、药品及仪器设备，存在发生火灾的危险。火灾是突发的，无法控制的燃烧往往会带来极其严重的破坏性后果，对实验师生的人身安全及实验安全产生巨大威胁。燃烧对人体的危害分为烧伤、窒息和吸入气体中毒。统计表明，火灾造成的死亡人数80％为窒息和吸入气体中毒引起的。

爆炸是物质在外界因素激发下发生物理变化或化学反应，瞬间释放出巨大的能量和大量气体，发生剧烈体积变化的一种现象。

1.2.2.2　实验室发生爆炸事故的原因

① 随便混合化学药品。氧化剂和还原剂的混合物在受热、摩擦或撞击时会发生爆炸。强氧化剂与一些有机化合物接触，如乙醇和浓硝酸混合时会发生猛烈的爆炸反应。

② 在密闭系统中进行蒸馏、回流等加热操作。

③ 在加压或减压实验中使用不耐压的玻璃仪器。

④ 气体钢瓶减压阀失灵。

⑤ 反应过于激烈而失去控制。

⑥ 易燃易爆气体（如氢气、乙炔等烃类气体，煤气和有机蒸气等）大量逸入空气，引起爆燃。

⑦ 易爆化合物受热或被敲击（如硝酸盐类、硝酸酯类、三碘化氮、芳香族多硝基化合物、乙炔及其重金属盐、重氮盐、叠氮化物、有机过氧化物等）易发生爆炸。

1.2.2.3　预防火灾的基本措施与方法

（1）预防火灾的基本措施

① 控制可燃物。尽量选择不燃、难燃、阻燃的材料；采取排风或通风措施，降低可燃气体、蒸气和粉尘在室内的浓度；严格控制实验室化学品的数量，严格分类存放措施。

② 隔绝空气。隔绝空气使燃烧无法进行，如惰性气体保护，将金属钠保存在煤油中，白磷保存在水中。

③ 清除火源。隔离或远离火源，采用防爆照明、防爆开关，检查更换老化电线，仪器

接地，消除静电，防止可燃物遇见明火或温度失控而引起火灾。

④ 阻止火势。在可燃气体管路上安装阻火器、水封装置；在建筑物之间留有防火间距，建有防火墙、防火门，设防火分区等。

⑤ 安装监控、报警与自动喷淋装置。在房间与走廊安装易燃气体及火情监控、报警与自动喷淋装置。

（2）灭火的基本方法

灭火的基本方法是破坏燃烧的条件。通常采取以下方法：

① 冷却灭火法。冷却灭火法是最主要的灭火方法，也是最简单且易于做到的有效方法。将冷却灭火剂直接喷射到燃烧物质表面，降低燃烧物体的温度，使其温度降低到该物质的着火点以下，燃烧就会终止；或者将灭火剂喷洒到火源附近的可燃物上，防止其受到辐射热影响而形成新的起火点。冷却灭火剂广泛使用以水为基础的灭火剂，水具有较大的比热容和很高的汽化热，冷却性能良好。除此之外还可以使用二氧化碳（干冰）、液氮作为冷却灭火剂。

② 窒息灭火法。窒息灭火法是隔绝空气与可燃物接触，阻止空气流入燃烧区域，或用不燃烧的惰性气体降低空气的浓度，使燃烧物质得不到足够的氧气而熄灭。物质燃烧需要在最低氧浓度以上才能进行，一般氧浓度低于 15% 就不能维持燃烧。在着火场所内，可以用水喷雾或惰性气体降低空间的氧浓度，从而达到窒息灭火。水雾吸收热气流热量而转化成蒸汽，当空气中水蒸气浓度达到 35%，燃烧就会停止。此外，用不燃或难燃的石棉毯、灭火毯、湿麻袋覆盖在燃烧的物体上，也会使火焰熄灭。

③ 隔离灭火法。隔离灭火法是将可燃物质与助燃物质、火焰隔离，从而中止燃烧，扑灭火灾。例如，关闭实验可燃气体的阀门，迅速转移火焰附近的有机溶剂，拆除与燃烧物质相连的可燃物质，都属于隔离灭火法。再如，泡沫灭火器灭火时，泡沫覆盖于燃烧液体或固体的表面，将可燃物质与空气隔开，从而中止燃烧。

④ 化学抑制灭火法。化学抑制灭火法是使灭火剂参与燃烧的反应过程，抑制自由基的产生或降低火焰中的自由基浓度，使燃烧中止。化学抑制灭火剂常见的有干粉和七氟丙烷，其对有焰燃烧火灾效果好，可快速扑灭初期火灾。

1.2.2.4　化工类实验室火灾的预防措施

① 严禁在开口容器或密闭体系中用明火加热有机溶剂。需用明火加热易燃有机溶剂时，必须要有蒸气冷凝装置或合适的尾气排放装置。

② 废溶剂严禁倒入污物缸。应倒入回收瓶内再集中处理。

③ 金属钠严禁与水接触。实验后的少量废钠通常用乙醇处理。

④ 不得在烘箱内存放、干燥、烘焙有机物。实验后的产物通常含有一些易燃的溶剂、低沸点的反应原料，以及不明特性的物质，如果使用烘箱烘干，烘箱中的电加热丝特别容易引起着火。

⑤ 使用氧气钢瓶时不得让氧气大量逸入室内。在含氧量约 25% 的大气中，物质燃烧所需的温度就要比在空气中低得多，且燃烧剧烈不易扑灭。

1.2.2.5　火灾发生后应立即采取的措施

（1）采取的措施

① 首先采取措施防止火势蔓延，关闭电闸、气体阀门。

② 移开易燃易爆物品。

③ 确保安全撤离的情况下，视火势大小，采取不同的扑灭方法。

④ 火势较大时，撤离，通知相邻人员撤离。

⑤ 打 119 报警，报告着火位置、燃烧物品等。

⑥ 路口接应消防车。

（2）灭火方式选择

一旦失火，可视火势大小，采取不同的扑灭方式。

① 对在容器中（如烧杯、烧瓶等）发生的局部小火，可用石棉网、表面皿或消防沙等盖灭。

② 有机溶剂在桌面或地面上蔓延燃烧时，不得用水冲洗，可撒上细沙或用灭火毯扑灭。

③ 钠、钾等金属着火，可采用干燥的细沙覆盖。严禁用水和 CCl_4 灭火器，否则会导致猛烈的爆炸，也不能用 CO_2 灭火器。

④ 衣服着火时，切勿慌张奔跑，以免风助火势。化纤织物最好立即脱除，无法立即脱除时，一般小火可用湿抹布、灭火毯等包裹使火熄灭。若火势较大，可就近到喷淋器下面，用水浇灭。必要时可就地卧倒打滚，防止火焰烧向头部，并在地上压住着火处，使其熄火。若看到他人衣服着火，可使用灭火毯帮助灭火，不要使用灭火器朝人喷射。

⑤ 在化学反应过程中，若因冲料、渗漏、油浴着火等引起反应体系着火时，扑救时必须谨防冷水溅在着火处的玻璃仪器上，必须谨防灭火器材击破玻璃仪器，造成严重的泄漏而扩大火势。有效的扑灭方法是用几层灭火毯包住着火部位，隔绝空气使其熄灭，必要时在灭火毯上撒细沙。若仍不奏效，必须使用灭火器，应由火场的周围逐渐向中心处扑灭。

1.2.3 实验室安全用电知识

触电是化工实验室最常见的用电安全事故。人的整个神经系统是以电信号和电化学反应为基础的，由于这个能量非常小，因此，人的系统功能很容易被外界电能破坏。实验人员安全用电知识与意识的缺乏、对后果认识的不足、侥幸心理及不良的操作习惯等是造成触电事故频发的重要因素。

1.2.3.1 触电

触电即电击，是指电流通过人体时所造成的内部伤害。它会破坏人的心脏、呼吸及神经系统的正常活动，甚至危及生命。在触电事故中，绝大部分是人体接受电流遭到电击使得心脏过载导致人身伤亡。

电击是电流对人体内部组织的伤害，也是最危险的一种伤害，绝大多数的触电死亡事故都是由电击造成的。电击的主要特征有伤害人体内部，致命电流较小，低压触电在人体的外表没有显著的痕迹，但是高压触电会产生极大的热效应，导致皮肤烧伤，严重者会被烧黑。

按照发生电击时电气设备的状态，电击可分为直接接触电击和间接接触电击。直接接触电击是触及设备和线路正常运行时的带电体发生的电击，也称为正常状态下的电击。间接接触电击是触及正常状态下不带电，而当设备或线路故障时意外带电的导体发生的电击，也称为故障状态下的电击。

1.2.3.2 电伤

电伤是由电流的热效应、化学效应、机械效应等对人体所造成的伤害。在触电事故中，纯电伤性质的及带有电伤性质的约占 75%。尽管大约 85% 以上的触电事故是电击造成的，但其中大约 70％的含有电伤成分。

电伤是发生触电事故而导致的人体外表创伤，通常包括电烧伤、皮肤金属化等。

（1）电烧伤

电烧伤是由电流的热效应造成的伤害，分为电流灼伤和电弧烧伤。

电流灼伤是人体与带电体接触，电流通过人体时由电能转换成热能所造成的伤害。具体症状有皮肤发红、起泡甚至皮肉组织破坏或烧焦。电流灼伤一般发生在低压设备或低压线路上。

电弧烧伤是当电气设备的电压较高时，产生强烈的电弧或电火花，烧伤人体，甚至击穿人体的某一部位。当电弧电流直接通过内部组织或器官，可造成深部组织烧伤，一些部位或四肢烧焦。但一般不会引起心室颤动，而更为常见的是人体由于呼吸麻痹或人体表面的大范围烧伤而死亡。

电弧烧伤分为直接电弧烧伤和间接电弧烧伤。前者是电弧发生在带电体与人体之间，有电流流过人体的烧伤；后者是电弧发生在人体附近对人体的烧伤，包含熔化了的炙热金属溅出造成的烫伤。直接电弧烧伤是与电击同时发生的。高压电弧的烧伤较低压电弧严重，直流电弧的烧伤较交流电弧严重。

（2）皮肤金属化

皮肤金属化常发生在带负荷拉断路开关或闸刀开关所形成的弧光短路的情况下。此时，在极高温度作用下，被熔化、气化的金属微粒向四处飞溅，如果撞击到人体裸露部分，则渗入皮肤表层，形成表面粗糙的灼伤。经过一段时间后，损伤的皮肤完全脱落。若在形成皮肤金属化的同时伴有电弧烧伤，情况就会严重些。

1.2.3.3　常见的触电事故

用电中会发生各种不同形式的触电事故，从总的情况来看，常见的触电事故有四种。

① 意外接触碰上了带电的物体。这种触电往往是由于用电人员缺乏用电知识或在工作中不注意，不按有关规章和安全工作距离办事等，直接地触碰上了裸露在外面的导电体，这种触电是最危险的。

② 触碰了漏电的设备。由于某些原因，电气设备绝缘受到破坏漏了电，而人因没有及时发现或疏忽大意触碰了漏电的设备。

③ 人行走时跨入有危险电压的范围。由于外力的破坏等原因，如雷击、弹打等，送电的导线断落地上，导线周围将有大量的扩散电流向大地流入，将出现高电压，人行走时跨入有危险电压的范围，造成跨步电压触电。

④ 高压送电线路处于自然环境中，由于风力等摩擦或因与其他带电导线并架等原因，受到感应，在导线上带了静电，工作时不注意或未采取相应措施，上杆作业时触碰带有静电的导线而触电。

前两类触电事故是化工实验室最为常见的。严格按规定操作，养成良好的习惯，这两类事故也是最容易避免的。

1.2.3.4　严格遵守相关安全规定要求

① 严禁非电工拆、装用电设施。

② 导线进出开关柜或配电箱的线段应加强绝缘并采取固定措施。

③ 用电设备的电源引线不得大于 5m，距离大于 5m 的应设便携式电源箱或卷线轴，便

携式电源箱或卷线轴至固定式开关柜或配电箱之间的引线长度不得大于 40m，并应用橡胶软电缆。

④ 闸刀型电源开关严禁带负荷拉闸。

⑤ 严禁将电线直接钩挂在闸刀上或直接插入插座内使用。

⑥ 严禁一个开关或插座接两台或两台以上的电动设备。

1.2.3.5 实验室安全用电注意事项

① 损坏的开关插头、插座、电线等应赶快修理或更换，不能怕麻烦将就使用。

② 实验室所有用电设备都必须保持良好接地。

③ 对电气设备不要乱拆乱装，更不要乱接电线。

④ 灯头用的软线不要东拉西扯，灯头距地不要太近，临时拉灯照明时，不要往铁丝上搭。

⑤ 化学药品库一定要用防爆照明灯，控制开关必须安装在门外。

⑥ 室内电线太乱或发生问题时，不能私自摆弄，一定要找电气承装部门或电工来改修。

⑦ 拉铁丝搭东西时，千万不要触碰附近的电线。

⑧ 屋外电线和进户线要架设牢固以免被风吹断发生危险。

⑨ 外线折断时，不要靠近或用手去拿，应找人看守，赶快通知电工修理。

⑩ 不要用湿手湿脚动电气设备，也不要碰开关、插座以免触电。

⑪ 大清扫时，不要用湿抹布擦电线、开关和插座等。

⑫ 移动电气设备时必须先断开电源，然后再移动。

⑬ 不要使用自制的插座板，使用合格标准的正规商品插座板。

⑭ 当插座板电线长度不够时，不要将多个插座板串联使用。

⑮ 不要将插座板放在实验室地面或实验台面上使用，避免液体溶液、有机试剂与之接触而引发火灾。

⑯ 保险盒要完善，保险丝熔断时，必须及时找出原因，换上同等容量的保险丝，不可用铜丝或铁丝代替。

⑰ 确保电气设备的可靠接地与正确使用。

⑱ 不要带电维修电气设备。

⑲ 实验室总电源箱应远离药品。

⑳ 实验室新增大功率用电设备时，要注意实验室的设计功率是否满足要求。

㉑ 计算机、空调、风扇等设备夜间必须关闭，特别是计算机主机与显示器，不能在夜间无人时处于待机或休眠状态。

1.2.4 危险化学品安全使用知识

化工对人类社会的发展起到了巨大的推动作用。化纤纺织品、农药化肥、医药、塑料等极大满足了人类社会的巨大物质需求，而这些物质都是由一些基本化学品通过合成反应得来的。化学品能够用于生产有用的产品，但也有其不利的方面，只有掌握了化学品，特别是危险化学品的特性，才能变不利为有利，从而防止事故的发生。

现在世界上已知的化学物质有 1000 多万种，《危险化学品目录》（2015 版）列出了 2828 种危险化学品，剧毒化学品 140 多种。国家对危险化学品安全也非常重视，发布有《危险化学品安全管理条例》和《危险化学品目录》等多份文件，这些文件是企业落实危险化学品安全管理主体责任，以及相关部门实施监督管理的重要依据。其中《危险化学品目录》根据实际需要，多次进行了修订。

化学品是指由各种化学元素组成的单质、化合物和混合物，无论是天然的，还是人工合成的，都属于化学品。

危险化学品是指具有毒害、腐蚀、爆炸、燃烧、助燃等性质，对人体、设施、环境具有危害的剧毒化学品和其他化学品。

危险化学品事故是指包括发生在生产过程中、储存过程中、运输过程中及使用过程中的所有事故。高校实验室中也时有化学品及相关事故发生。

危险化学品事故给国民经济及人民生命财产带来极其严重的损失，了解化学物质对人体、设备及环境的危害的基本知识，防止事故的发生已成为危险化学品安全生产及科技安全发展的重要课题。

1.2.5　高压气体钢瓶的安全使用知识

化工实验室通常涉及各种气体钢瓶，相比于常规容器，这些高压气体钢瓶具有较大的危险性。

高压气体钢瓶（简称气瓶）是一种特殊的压力容器，使用单位应按照《中华人民共和国特种设备安全法》的要求履行使用登记、建立制度、建立档案、进行维护保养和定期检查、提出定期检验要求、发现问题及时处理等安全使用责任。气瓶的使用单位还应该指定专门的安全管理人员，并对其他使用人员进行必要的安全教育和技能培训。《气瓶安全监察规定》明确管理的气瓶为正常环境温度（$-40 \sim 60$℃）下使用的、公称工作压力大于或等于0.2MPa（表压），且压力与容积的乘积大于或等于1.0MPa·L的盛装气体、液化气体和标准沸点等于或低于60℃的液体的气瓶。

在化工实验室，通常使用两种类型的气体钢瓶。第一种是永久性气体钢瓶，是指在常温下瓶内充装的气体（临界温度<-10℃）为永久性气体，如氧气、氢气、氮气等。这类气瓶由于充装的是压缩气体，内部压力高。第二种是液化气体钢瓶，此类气瓶内充装气体的临界温度大于或等于-10℃，在常温常压下，有的是气态，有的是气液两相共存状态，但在充装时，均是采用加压或低温液化处理后才灌入瓶中。这类气体有乙烯、CO_2、氨气、氯气等。

1.2.5.1　气瓶的钢印标记

为保证安全，气瓶在使用前，必须经常检查标记在气瓶肩部的钢印，其是识别气瓶质量和安全使用的依据。无钢印及过期的气瓶不能使用。

气瓶钢印标记有两种，一是制造钢印标记，其是气瓶的原始标记，由生产厂家冲打在气瓶肩部的永久性标志。二是检验钢印标记，其是气瓶检验单位对气瓶进行定期检验后，冲打在气瓶肩部的另一种永久性标志。特别需要关注的是下次检验日期，以防超期使用。

1.2.5.2　气瓶的颜色标记

气瓶的颜色标记是指气瓶外表面的瓶色、字样、字色和色环。气瓶的颜色标记是由国家统一制定、颁布的国家标准。其作用主要有两个，一是可以通过特征颜色来快速识别瓶内气体的种类；二是防止锈蚀。另外，气瓶颜色也能有效防止不同性质气瓶混放。

在我国，气瓶外观颜色的统一，不但使得我们能够在气瓶的字体模糊后，根据气瓶颜色识别气体类型，也能够在有危险的情况下，快速方便地识别瓶内盛装的气体，避免危险的发生。所以气瓶的颜色标记也具有安全标志特性。根据 GB/T 7144—2016 标准中规定，我国常见气瓶颜色标记如表 1-2 所示。

表 1-2 我国常见气瓶的颜色标记

充装气体名称	化学式或符号	瓶体颜色	字样	字色
氢气	H_2	淡绿	氢	大红
氧气	O_2	淡（酞）蓝	氧	黑
氮气	N_2	黑	氮	白
空气	Air	黑	空气	白
氨	NH_3	淡黄	液氨	黑
氯	Cl_2	深绿	液氯	白
硫化氢	H_2S	白	液化硫化氢	大红
氯化氢	HCl	银灰	液化氯化氢	黑
天然气（液体）	LNG	棕	液化天然气	白
二氧化碳	CO_2	铝白	液化二氧化碳	黑
甲烷	CH_4	棕	甲烷	白
氦	He	银灰	氦	深绿
氖	Ne	银灰	氖	深绿
氩	Ar	银灰	氩	深绿
乙烯	C_2H_4	棕	液化乙烯	淡黄

1.2.5.3 气瓶的安全附件

气瓶的安全附件包括安全泄压装置、瓶帽和防震圈。

（1）安全泄压装置

气瓶的安全泄压装置主要是防止气瓶在遇到火灾等特殊高温时，瓶内介质受热膨胀而导致气瓶超压爆炸。其类型有爆破片、易熔塞及爆破片-易熔塞复合装置。爆破片一般用于高压气瓶，装配在瓶阀上。易熔塞主要用于低压液化气瓶上。它由钢制基体及其中心孔中浇铸的易熔合金塞构成。目前使用的易熔塞装置的动作温度有 100℃ 和 70℃ 两种。爆破片-易熔塞复合装置主要用于对密封性能要求特别严格的气瓶。这种装置由爆破片与易熔塞串联而成，易熔塞装设在爆破片排放的一侧。

（2）瓶帽

瓶帽的作用是保护气瓶阀，避免气瓶在搬运或使用过程中由于碰撞而损坏。

（3）防震圈

防震圈是为了防止气瓶瓶体受撞击而设计的一种橡胶材质的保护装置。通常紧套在瓶的上部和下部。

1.2.5.4 气瓶减压阀

实验室使用的永久性气瓶内为压缩气体，压力较高，除非特殊需要，使用时不能直接连接管子释放气体，而必须通过减压阀使瓶内高压气体的压力降至实验所需要的低压范围后，再经过专用阀门调节压力与流速。

(1) 氧气减压阀

氧气减压阀的高压腔与气瓶连接,低压腔为气体出口,并通往使用系统。高压表的示值为钢瓶内储存气体的压力,低压表的出口压力可由调节螺杆控制。氧气减压阀的外观与结构原理如图 1-1 所示。

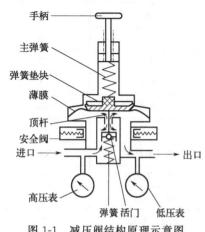

图 1-1　减压阀结构原理示意图

以氧气瓶为例介绍气瓶的使用方法。

氧气瓶使用时,在安装好减压阀及连接系统后,要先打开气瓶总阀并开到最大位置。然后顺时针缓慢转动低压表压力调节螺杆,使其压缩主弹簧并传动薄膜弹簧垫块和顶杆而将活门打开,这样进口的高压气体由高压室经节流减压后进入低压室,并经出口通往工作系统。

减压阀设置有安全阀,当减压阀的气体压力超出一定许可值时,安全阀会自动打开放气。

减压阀与氧气瓶的连接螺栓由黄铜制造。使用时,减压阀与氧气瓶的连接处要完全吻合、扭紧。依靠减压阀连接螺栓的凸柱头与气瓶总阀嘴的凹面严密接触密封。减压阀及连接处要严禁接触油脂,以防燃烧。

当由气瓶中放出氧气时,打开气瓶总阀,无漏气时,可观察到减压阀上的高压表所指示的瓶中压力。当减压阀出口与系统连接好以后拧紧调节螺杆,控制氧气的流出量。使用完毕时,一定要先关闭气瓶总阀,再将减压阀余气放出,然后拧松调节螺杆。

(2) 氢气减压阀

氢气属于可燃性气体,危险性较大。氢气减压阀为氢气瓶专用设备,不能将氢气减压阀与氧气减压阀混用。为防止混用,与氧气减压阀的设计不同,氢气减压阀采用反向螺纹。使用时要特别注意。

1.2.5.5　气瓶的搬运与存放

(1) 气瓶存放要求

有条件的单位,长期使用气瓶时,气瓶应存放在专门设计的气瓶间或指定房间。需要将气瓶放在实验室内时,应放入配置有自动检测与报警装置的气瓶柜中。条件不具备时,应在实验室特定区域设置专用固定架或用固定带将气瓶直立固定。气瓶存放处应远离火源和热源,避免阳光直射,防止受热膨胀而引起爆炸。室内要保持通风防止气体泄漏聚集而发生事故。性质相互抵触的气瓶应分开存放,如氢气瓶不得与氧气、压缩空气、氧化剂及其他助燃性气瓶混合放置。气瓶不得撞击或横卧滚动。气瓶存放处应按规定悬挂相应标志。

(2) 气瓶搬运要求

在搬运气瓶前,必须给气瓶配上安全帽,气瓶阀门必须旋紧。使用专用的气瓶推车搬运。近距离移动时,可一手托住瓶帽,使瓶身倾斜,另一手转动瓶身沿地面慢慢转动前进。搬运过程中,不准横卧滚动、用脚蹬踢。装卸及搬运时,严禁扔、滑、摔等现象发生,严格避免撞击。严禁直接捆绑吊运气瓶,而必须放入坚固的吊笼内吊运。

1.2.5.6　气瓶的安全使用要求

① 高压气瓶必须分类、分处、分区保管,直立放置,固定稳妥。气瓶立放时应有防倾

倒措施，严禁敲打、碰撞。气瓶存储应放置整齐，佩戴好瓶帽。空瓶、实瓶分开放置，并有明显标志。

② 高压气瓶上选用的减压阀要分类专用。可燃性气瓶（如 H_2、C_2H_2 等）的连接螺丝为反丝，不燃性或助燃性气瓶（如 N_2、O_2 等）为正丝。各种减压阀不可混用。安装时螺扣要旋紧，防止泄漏。开、关减压阀和气瓶总阀时，动作必须缓慢。使用时应先打开气瓶总阀，后开减压阀。用气完毕，要先关闭气瓶总阀，放尽余气后，再关减压阀。

③ 使用高压气瓶时，操作人员应站在气瓶出气口侧面的位置。操作时严禁敲打撞击，并经常检查有无漏气，注意压力表读数。

④ 氧气瓶或氢气瓶等，应配备专用工具，并严禁与油脂接触。操作人员不能穿戴沾有各种油脂或者易感应产生静电的服装、手套操作，以免引起燃烧或爆炸。也应避免将带有油脂的抹布挂在气瓶上及擦拭气瓶，特别是瓶嘴。

⑤ 可燃性气体和助燃气体气瓶，与明火的距离应大于 10m（确难达到时，可采取隔离等措施）。

⑥ 用后的气瓶，应按规定留 0.05MPa 以上的残余压力。可燃性气体应剩余 0.2～0.3MPa，H_2 应保留 2MPa 残余压力，以防重新充气时发生危险，切记不可用完用尽。

⑦ 各种气瓶必须定期进行技术检查。充装一般气体的气瓶三年检验一次，充装腐蚀气体的气瓶两年检验一次，充装惰性气体的气瓶五年检验一次；如在使用中发现有严重腐蚀或严重损伤的，应提前进行检查。

⑧ 使用时要注意检查钢瓶及连接气路的气密性，确保气瓶不泄漏。各种气体的气压表不得混用，以防爆炸。

⑨ 使用完毕应释放减压阀内气体的压力，再关闭阀门，主阀应拧紧不得泄漏。养成离开作业现场时检查气瓶的习惯。

⑩ 绝不可使油脂或其他易燃性有机物沾在气瓶上（特别是气门嘴和减压阀）。也不得用棉、麻等物堵住，以防燃烧引起事故。

⑪ 气瓶体有缺陷、安全附件不全或已损坏，不能保证安全使用的，切不可再送去充装气体，应送有关单位检查合格后方可使用。

⑫ 使用前应进行安全状况检查，确保减压阀、瓶阀、压力表等完好无泄漏，使用后必须关瓶阀。

第 2 章
测量误差分析和数据处理

2.1 测量误差的概念

测量是用实验的方法获得被测量量值的过程，是将待测量与选作计量单位的同类量进行比较得出其倍数的过程。所以，一个物理量的量值应由数值和单位（量纲）两部分组成。

按照测量对象和结果的区别与联系来分类，测量分为直接测量和间接测量。

直接测量是用测量仪器或量具直接给出被测物理量量值的过程，如用温度计测量温度，用电流表测量电流强度，用米尺测量长度等都属于直接测量。

然而，在现有人类认知水平和科技条件下，科学研究和工程实践中存在许多被测量不能通过直接测量的方法得到其量值，需要建立被测量与其他相关的直接测量量的关系，通过直接测量和必要的数学运算才能够得到其量值，这种测量称为间接测量。在化学工程领域中绝大多数测量属于间接测量。例如，平衡常数的测量，首先需要测量平衡时的组分浓度和温度总压，然后通过计算得到。

在进行测量过程中，无论采用多么完善的测量方法、怎样精密的测量仪器，由于各种原因，测量的结果总是存在着一定的测量误差。例如，没有考虑某些次要的、影响小的因素，对被测对象本质认识不够全面，采用的量具不十分完善，以及观测者技术熟练程度不同等，均可使获得的测量结果与真实值之间存在着一定的差异，可见要想绝对地避免测量误差的产生是不可能的，而且也没有必要。根据科学研究和工程实践需要，被测量对象的测量误差能够控制在所需范围内就可以了。

2.2 测量误差的分类

要客观、科学地评定某一测量结果的误差，就必须分析研究测量误差产生的原因及其出现的规律，寻找相应的消除措施，并对这些测量误差作定性分析和定量计算。为了评定各种测量误差，通常按照误差的数字表达式和误差的出现规律分为：绝对误差、相对误差；系统误差、偶然误差、过失误差。

2.2.1 绝对误差和相对误差

从理论上讲，每一个待测量的量都有确定的数值，称为真值。在实际应用中常把精度较高的测量仪器或量具测出的值，称为约定真值来代替真值。由于受到测量仪器分辨率（灵敏度）的限制以及环境因素的影响，在测量过程中总会有误差存在。因此得到的测量值与被测对象的真值之间，始终存在一个差值，即测量误差。如以 X 表示被测量的真值，x 为测量值，那么测量误差 δ 将等于测量值与真值之差。即

$$\delta = x - X \tag{2-1}$$

由式(2-1) 可知，测量误差 δ 可正可负，它的大小和符号取决于 x 的大小，当误差为正时表示测量值偏大，反之偏小。因此，通常以误差的绝对值来表示误差的大小，并称为绝对误差，即

$$\delta = |x - X| \tag{2-2}$$

式(2-2) 改写为

$$X = x \pm \delta \tag{2-3}$$

由式(2-2) 可看出，测量误差绝对值的大小，表明了测量的精确度，误差的绝对值愈小，则测量的精确度愈高；反之，则愈低。因此要提高测量的精确度，就必须从各方面寻找有效措施来减少测量误差。

由于真值 X 无法知道，所以误差的准确值也无法知道，但可以通过测试仪器的精度来确定误差所在的范围，这就产生了最大绝对误差的概念。例如，毫米钢尺可精确到 0.5mm，那么用它测量某一工件的长度，如测量值 $x = 56$mm 时，可知该工件的实际长度 X 必在 55.5mm 和 56.5mm 之间。也就是工件的实际长度与测量值之差不会超过 0.5mm，这里 0.5mm 就是最大绝对误差，通常简称为绝对误差。

绝对误差只能用以判断对同一尺寸的量测量的精确度，如果对不同尺寸的量进行测量，它就较难判断其精确的程度。例如，对同样是 1mm 的误差，测量 1m 长的工件时，就比测量 100mm 长的工件时的精确度高多了，虽然它们的最大绝对误差是一样的。由此产生了相对误差的概念。

所谓相对误差 ε，是绝对误差和真值的比值，即

$$\varepsilon = \frac{\delta}{X} \approx \frac{\delta}{x} \tag{2-4}$$

由式(2-4) 可知，相对误差 ε 是一个没有单位的数值。不论用什么单位去测量同一个量，如果测量精度相同，则其相对误差的大小总相等。相对误差通常以百分数（%）表示。与绝对误差一样，通常也有最大相对误差的概念。

在工程实践中仪器、仪表的测量精度通常采用精度等级来表示。

精度又称精确度或准确度，是指测量结果和实际值一致的程度，是用仪表误差的大小来说明其测量值与被测量真值之间的符合程度。其数值越大，表示仪表的精度越低；数值越小，表示仪表的精度越高。

按照仪表工业的规定，仪表的精度等级划分为若干等级，称为精度等级。如 0.1、0.2、0.5、1.0、1.5、2.5、5.0 级等。仪表的精度等级 a，实际上是其测量值为满量程时的相对误差，若满量程值为 M，仪表指示值的最大绝对误差为 Δ，则 $a = \dfrac{\Delta}{M} \times 100\%$。

当测量点的指示值为 m 时，则测量值的相对误差 $\varepsilon = \dfrac{a \times M}{m}$。

由此可见，仪表测量值的相对误差不仅与仪表的精度等级 a 有关，而且与仪表的满量程值 M 和测量值 m 有关。因此，在选用仪表时应注意以下两点：

① 选用仪表的量程时应使测量值落在仪表满刻度值的 $\frac{2}{3}$ 左右，即 $M/m=1.5$；

② 根据测量值的相对误差 ε，确定仪表的精度等级 a，即 $a=\dfrac{m\times\varepsilon}{M}=\dfrac{2}{3}\times\varepsilon$。

根据仪表的量程值 M 和精度等级 a，从可供选择的仪表中选择合适的仪表。

2.2.2 系统误差、偶然误差和过失误差

在测量过程中，数值大小和符号固定不变，或者按一定规律变化的误差叫系统误差。例如，标准件的名义尺寸和实际尺寸之差，以及由环境温度变化引起的测量误差等，均属于系统误差。由于系统误差出现的大小和正负都有一定规律，因此只要掌握其规律，这种误差就可以从测量结果中予以消除。

偶然误差是指大小、符号不能准确地加以预测的误差。具体地讲，在进行多次重复测量时，虽然测量的条件相同，但测量的结果总是不同，这种差别就是偶然误差。这种误差的出现具有偶然性，因而一般不能从测量结果中消除。

过失误差的特点就是误差的数值比较大，对测量结果有明显歪曲。造成这种误差的原因主要是测量者的粗心大意。例如，读数错误、记录错误、计算错误等造成的较大误差，显然过失误差应当从测量数据中清除。

2.3 测量误差的特点及其表征

2.3.1 偶然误差

偶然误差是由一些不确定或一时不便于控制的微小因素所造成的。偶然误差出现的大小和正负在测量前无法知道，所以不能将它从测量结果中予以消除。虽然对某次测量而言，偶然误差出现的大小和正负，并无一定规律性，但人们通过长期的实践发现，如果在相同测量条件下，进行多次重复测量，偶然误差出现的机会符合统计学规律，因此通常可用概率论和数理统计方法对它进行处理，从而控制并减少其对测量结果的影响。

2.3.1.1 偶然误差的分布规律及其特点

对一个直径 ϕ 为 15mm 的轴径进行多次重复测量（测量次数 $n=100$）。将所得的测量值 x_i，按大小分为若干组（取分组间隔 $\Delta x=1\mu m$），并统计每组内测量值 x_i 出现的次数 n_i（频数）及其频率 V_i（出现的次数 n_i 同总测量次数 n 之比，即 $V_i=\dfrac{n_i}{n}$），如表 2-1 所示。

表 2-1 轴径测量的统计表

测量值分组范围/mm	分组平均值 $\bar{x}$/mm	频数 n_i	频率 V_i
14.999～14.998	14.999	8	0.08
14.998～14.997	14.998	16	0.16
14.997～14.996	14.997	50	0.50
14.996～14.995	14.996	20	0.20
14.995～14.994	14.995	6	0.06

由表 2-1 知，测量值的平均值 $\overline{x} = 14.997$，总数 $n = \sum\limits_{i=1}^{5} n_i = 100$，$\sum\limits_{i=1}^{5} V_i = 1$。同时以分组尺寸为横坐标，以频数 n_i 和频率 V_i 为纵坐标，得到轴径尺寸分布图，如图 2-1 和图 2-2 所示。

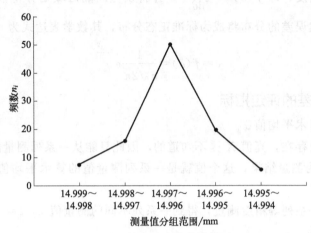

图 2-1　轴径尺寸分布频数图

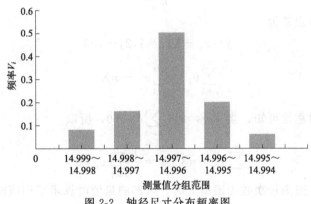

图 2-2　轴径尺寸分布频率图

分析上述轴径尺寸分布情况可发现，由于偶然误差的存在，测量值的分布具有以下特点：

（1）集中性

大量重复测量所得到的一系列测量值，均集中分布在它们的算术平均值 $\overline{x}$ 附近。算术平均值的定义为

$$\overline{x} = \frac{1}{n} \sum_{i=1}^{n} x_i \tag{2-5}$$

即在算术平均值 $\overline{x}$ 附近的测量值 x_i 出现的机会多，远离算术平均值 $\overline{x}$ 的测量值 x_i 出现的机会少。

（2）对称性

测量值 x_i 对称分布于算术平均值 $\overline{x}$ 的两侧，因此，两个数值相同而符号相反的残差 $\nu_i = x_i - \overline{x}$，出现的机会相同。因此所有残差 ν_i 基本上相互抵消，其总和接近于零。

（3）有限性

在一定的测量条件下，测量值 x_i 有一定的分布范围。如上例中测量值仅分布在区间（14.994，14.999）内。如果将测量值的平均值作为真值，测量误差 δ 作为横坐标，纵轴 y 为误差分布的概率密度，即 $f(\delta) = \dfrac{dF(\delta)}{d\delta}$，并将误差间隔区域划分得很小，而且测量次数大大增加，那么偶然误差的分布将成为标准正态分布，其数学表达式为

$$y = f(\delta) = \frac{1}{\sigma\sqrt{2\pi}} e^{-\frac{\delta^2}{2\sigma^2}} \tag{2-6}$$

2.3.1.2 偶然误差的评定指标

（1）测量值的算术平均值 $\overline{x}$

由于测量误差的存在，真值 X 是不知道的，因此只能从一系列测量值 x_i 中找一个能接近真值 X 的数值作为测量结果，这个值就是一系列测量值的算术平均值 $\overline{x}$。这可以从下面的分析中得到证实。

设对某一量作一系列等精度测量，得到一系列不同的测量值 $x_i (i=1,2,\cdots,n)$。这些数值的算术平均值 $\overline{x}$ 为

$$\overline{x} = \frac{1}{n}\sum_{i=1}^{n} x_i$$

各测量值的测量误差为

$$\delta = x_i - X (i=1,2,\cdots,n)$$

则

$$\sum_{i=1}^{n}\delta_i = \sum_{i=1}^{n} x_i - nX$$

由偶然误差的对称性可知，当 $n \to \infty$ 时，$\sum_{n=1}^{n}\delta_i \to 0$，所以

$$\sum_{i=1}^{n} x_i = nX, X = \frac{1}{n}\sum_{i=1}^{n} x_i = \overline{x}$$

这个结果证明，当测量次数无限增大时，全部测量值的算术平均值即等于真值。

通常情况下不可能做无限次测量，但可以说算术平均值 $\overline{x}$ 是最接近真值的，因此以算术平均值作为真值是可靠而且合理的。

（2）标准差 σ（又称均方根误差）

用算术平均值 $\overline{x}$ 可以表示测量结果，但是不能表示各测量值的精度。偶然误差 δ 是服从式(2-6)所示的正态分布。由概率论与数理统计知识知，正态分布曲线的陡峭程度由其标准差 δ 决定。δ 值越小，曲线形状越陡峭，偶然误差分布越集中。反之，δ 值大，曲线形状越平缓，偶然误差分布也越分散。由此可见，可以用标准差 σ 的大小来表明测量的精度，并作为评定偶然误差的尺度。

在等精度测量中，标准差 σ 可表达为

$$\sigma = \sqrt{\frac{\sum_{i=1}^{n}\delta_i^2}{n}} \tag{2-7}$$

式中，$\delta = x_i - X (i=1,2,\cdots,n)$ 为每次测量中相应测量值的偶然误差。

下面进一步讨论标准差 σ 和偶然误差 δ 之间的关系。

正态分布曲线下包含的总面积，等于各偶然误差 δ 出现的概率的总和，并等于 1。即

$$P = \int_{-\infty}^{+\infty} y \, \mathrm{d}\delta = \frac{1}{\sigma\sqrt{2\pi}} \int_{-\infty}^{+\infty} \mathrm{e}^{\frac{-\delta^2}{2\sigma^2}} \, \mathrm{d}\delta = 1$$

为运算方便起见，引入新变量 Z。设 $Z = \dfrac{\delta}{\sigma}$，$\mathrm{d}Z = \dfrac{\mathrm{d}\delta}{\sigma}$

则

$$P = \frac{1}{\sqrt{2\pi}} \int_{-\infty}^{+\infty} \mathrm{e}^{\frac{-z^2}{2}} \, \mathrm{d}Z = 1$$

偶然误差所在区间 $(-\infty, +\infty)$ 的概率为

$$P = 2\varphi(Z) = \frac{1}{\sqrt{2\pi}} \int_{-z}^{z} \mathrm{e}^{-\frac{z^2}{2}} \, \mathrm{d}Z \tag{2-8}$$

对任意 Z 值，积分值中 $\varphi(Z)$ 可由概率函数积分表查出。表 2-2 列出了几个具有重要意义的数值。由表 2-2 可以看出，随着 Z 值的增大，$1-2\varphi(Z)$ 的值，也就是超出 Z 的概率，减小得很快。

表 2-2　偶然误差概率分布表

$Z = \dfrac{\delta}{\sigma}$	$\varphi(Z) = \dfrac{1}{\sqrt{2\pi}} \displaystyle\int_0^z \mathrm{e}^{-\frac{z^2}{2}} \, \mathrm{d}Z$	$2\varphi(Z) = \dfrac{1}{\sqrt{2\pi}} \displaystyle\int_{-z}^{z} \mathrm{e}^{-\frac{z^2}{2}} \, \mathrm{d}Z$	$1-2\varphi(Z)$
0.5000	0.1950	0.3829	0.6171
0.6745	0.2500	0.5000	0.5000
1.0000	0.3413	0.6827	0.3173
2.0000	0.4772	0.9545	0.0455
3.0000	0.4986	0.9973	0.0027
4.0000	0.4990	0.9999	0.0001

当 $Z = \pm 1$ 时，$2\varphi(Z) = 0.6827$，即 Z 在 $(-\sigma, \sigma)$ 范围内的概率为 68.27%。当 $Z = \pm 3$ 时，$2\varphi(Z) = 0.9973$，即 Z 在 $(-3\sigma, 3\sigma)$ 范围内的概率为 99.73%。Z 在 $(-3\sigma, 3\sigma)$ 范围之外的概率为 $1-2\varphi(Z) = 0.0027$，仅为 0.27%，发生的概率很小。所以通常评定偶然误差时就以 $\pm 3\sigma$ 为极限误差。即

$$\Delta \lim = \pm 3\sigma \tag{2-9}$$

前面讨论标准差是以偶然误差 $\delta_i = x_i - X (i = 1, 2, \cdots, n)$ 来表示的，实际上由于真值 X 是不知道的，所以偶然误差 δ_i 也无法知道，因而实际上标准差是用残差 ν_i 来表示的。即

$$\sigma = \sqrt{\frac{\displaystyle\sum_{i=1}^{n} \nu_i^2}{n-1}} \tag{2-10}$$

式(2-10) 的导出过程这里从略。

(3) 算术平均值的标准差 $\sigma_{\bar{x}}$

标准差 σ 代表一组测量值中每一个测量值的精度，但在研究测量误差时，不仅要了解各测量值的精度，更重要的是要知道测量结果，即算术平均值 $\bar{x}$ 的精度。当测量次数 n 无限

增加时，算术平均值 $\bar{x}$ 趋近真值 X。但实际上，测量次数 n 总是有限的，所以算术平均值也是有一定误差的。测量次数越少，算术平均值 $\bar{x}$ 的误差越大，但是算术平均值 $\bar{x}$ 的误差总是比各测量值的误差小，因此算术平均值 $\bar{x}$ 是测量值中的最佳值。

假设在相同条件下，对某一被测量进行 k 组 n 次测量，则每组的"n 次测量"所得的算术平均值 $\bar{x}$ 也不完全相同，而是围绕着真值 X 波动，但波动的范围比单次测量的范围要小（即测量精度高），而且测量次数愈多，精度愈高。因此将多次测量的算术平均值作为测量结果时，其精度参数也用算术平均值的标准差 $\sigma_{\bar{x}}$ 表示，即

$$\sigma_{\bar{x}} = \frac{\sigma}{\sqrt{n}} \tag{2-11a}$$

式（2-11a）的导出过程这里从略。

若以残差 ν_i 来表达上式，则

$$\sigma_{\bar{x}} = \sqrt{\frac{\sum\limits_{i=1}^{n} \nu_i^2}{n(n-1)}} \tag{2-11b}$$

2.3.2 系统误差

系统误差是重复测试中保持恒定或以可预知方式变化的测量误差。

2.3.2.1 系统误差的主要来源

（1）测量仪表或量具的测量原理误差

这种误差是由仪器仪表设计所依据的理论公式的近似性或实验条件达不到理论公式所要求的条件引起的。如伏安法测量电阻时，忽略电表内阻的影响。

（2）测量仪表或量具的结构缺陷或使用不当引起的误差

如天平不等臂，仪器安装不水平、不垂直，偏心和零点不准等，这些都应当在实验前得到解决。

（3）环境误差

它是由外部环境（如温度、压力、湿度和光照等）与仪器的设计所要求条件的差异引起的。

（4）由测试人员操作不当所造成的误差

如用秒表记录时间时，总是提前或滞后，仪表读数时总是斜视等。

2.3.2.2 系统误差对测量结果的影响

系统误差在计算测量值的平均值时是不能消除的，然而在残差的计算中却可以消除。所以系统误差对平均值有影响，但对均方根误差没有影响。这可以从下面的分析中得到证实。

设一系列测量值 $l_i(i=1,2,\cdots,n)$ 中存在系统误差 Δ_0，又假设 $x_i(i=1,2,\cdots,n)$ 为无系统误差时的测量值，则

$$l_i = x_i + \Delta_0 (i=1,2,\cdots,n)$$

平均值

$$\bar{l} = \frac{1}{n}\sum_{i=1}^{n} l_i = \frac{1}{n}\sum_{i=1}^{n}(x_i+\Delta_0) = \frac{1}{n}\sum_{i=1}^{n} x_i + \Delta_0 = \bar{x} + \Delta_0 \tag{2-12}$$

这表明测量值 l_i 的平均值中包含系统误差。

对于残差，则有

$$\nu_i = l_i - \bar{l} = (x_i + \Delta_0) - (\bar{x} + \Delta_0) = x_i - \bar{x} \ (i=1,2,\cdots,n) \tag{2-13}$$

这表明系统误差对残差没有影响，所以，对其均方根误差 σ 也没有影响。

2.3.2.3　系统误差的发现和消除

发现系统误差的基本方法是，采用更精确的测量方法和仪器进行测量，如果两者的差值在测试误差极限 $\Delta_{\lim} = \pm 3\sigma$ 范围内，则表明测试系统无明显的系统误差。否则，应当从测量值的平均值中扣除系统误差，即

$$\bar{x} = \bar{l} - \Delta_0 \tag{2-14}$$

2.3.3　过失误差

过失误差的数值比较大，其往往是由测量时的疏忽大意所造成的，如读数错误、计算错误等。它对测量结果有明显的歪曲，应予以发现和消除。其基本的方法是 3σ 准则，即如果某一测量值 x_i 与平均值 $\bar{x}$ 的残差 $|\nu_i| = |x_i - \bar{x}| > 3\sigma$，则该测量值为坏值，应予以消除。

2.3.4　误差的传递效应

前面介绍的误差理论和方法主要针对直接测量而言。但在科学研究和工程实践中，尚需知道非直接测量误差的大小。如反应动力学方程中，速率常数（$k = k_0 \mathrm{e}^{-\frac{Ea}{RT}}$）就是温度 T 的函数，所以温度的测量误差大小，必然影响到速率常数计算的精度。因此有必要分析间接测量量的误差传递过程。

假定间接测量量 y 为直接测量量 x_1，x_2，$\cdots$，x_m 的函数，即

$$y = f(x_1, x_2, \cdots, x_m) \tag{2-15}$$

由于误差相对于测量量而言是微小的量，将上式进行一阶泰勒展开，可以得到间接测量量 y 的误差表达式为

$$\Delta y = \sum_{i=1}^{m} \frac{\partial f}{\partial x_i} \Delta x_i \tag{2-16}$$

上式为误差的传递公式，其中 $\Delta x_i (i=1,2,\cdots,m)$ 为直接测量量的误差，$\frac{\partial f}{\partial x_i} (i=1,2,\cdots,m)$ 称为误差传递系数。

间接测量量的最大绝对误差和相对误差分别为

$$\Delta y = \sum_{i=1}^{m} \left| \frac{\partial f}{\partial x_i} \Delta x_i \right| \tag{2-17}$$

$$\frac{\Delta y}{y} = \sum_{i=1}^{m} \left| \frac{\partial f}{\partial x_i} \times \frac{\Delta x_i}{y} \right| \tag{2-18}$$

当各个直接测量量 x_i 对 y 的影响是相互独立时，y 的标准差为

$$\sigma_y = \sqrt{\sum_{i=1}^{m} \left(\frac{\partial f}{\partial x_i} \right)^2 \sigma_i^2} \tag{2-19}$$

式中，σ_i 为各个直接测量的标准差。

2.4 测量结果的数据处理

2.4.1 测量结果的有效数字处理

通常，测量结果的有效数字位数，不宜定得太多，也不宜太少，太多容易使人误认为测量精度很高，太少则会损失精度。实际上各种测量方法都只能达到一定的精度。因为在确定测量结果的有效数字位数时，是以该种测量方法的精度为准，并用测量有效数字的位数来判断其近似值的精确度。

在一个数中，除了起定位作用的 0 外，其他数字都叫有效数字，例如 0.31，第一位有效数字为 3，第二位有效数字为 1，它只有两位有效数字。

数字"0"在一个数值中，可能是有效数字，也可能不是有效数字，如数值 0.309 有三位有效数字，第一个"0"就不是有效数字，而第二个"0"是有效数字，因为第一个"0"与测量精度无关，而只与采用的单位有关。

测量中最末位有效数字是由测量方法的误差决定的，有效数字中只应保留一位不准确的数字，其余数字均应为准确数字。

例如 U 形管压差计最小刻度是 mm，则读数可以读到 0.1mm，如 14.5mm H_2O，其中前两位是直接读出的，是准确的，最后一位是估计的，故称该数据为三位有效数字。如液面恰好在 14mm 刻度上，则应记作 14.0mm；若记为 14mm，则失去了一位精密度。总之，有效数据中应有且只有一位（末位）估计读出的欠准确数字。

为了保持测量结果的精确度，根据测量方法的精度，当测量结果的有效数字的位数确定以后，其余数字应一律抛弃。最后一位有效数字，则按"四舍六入五成双"的办法来凑整数字，即：

① 如果末位有效数字后边的第一位数字大于 5 时，则末位有效数字加 1。

② 如果末位有效数字后边的第一位数字小于 5 时，则舍去不计。

③ 如果末位有效数字后边的第一位数字等于 5 时，则末位有效数字凑成偶数。也就是当有效数字末位为偶数（0、2、4、6、8）时则末位不变。当末位为奇数（1、3、5、7、9）时则末位加 1。例如，将下面左边的数值凑整到小数后第三位。

$$6.3415 \rightarrow 6.342$$
$$8.6105 \rightarrow 8.610$$

④ 在加减运算中，各数保留的小数点后的位数应该与各数中小数点后位数最少的相同。例如 18.65、0.0072、3.632 三个数相加时，应写成 18.65+0.01+3.63=22.29。

⑤ 在乘除运算中，各因子保留的位数应同其中有效位数最少的因子相同。例如，0.0121×55.64×1.05782 应取三位有效数字进行运算，即写成 0.0121×55.6×1.06≈0.713。

⑥ 在对数计算中，所取对数位数应与真数有效数字的位数相等。例如 $u=2151.6$，$\lg u=3.3328$。

⑦ 在所有计算式中，常数 π、e 的数值以及乘子，如 $\sqrt{2}$、$\frac{1}{2}$ 等有效数字的位数，应比最终结果多一位。

2.4.2　测量结果的处理方法

由实验获得的大量测试数据，必须经过正确的分析、处理和关联才能得到各个变量间的定量关系和规律。实验测试数据处理的常用方法有三种：列表法、图示法和回归分析法。

2.4.2.1　列表法

列表法是将实验的原始数据、运算数据和最终结果直接列举在各类数据表中的一种数据处理方法。根据记录内容的不同，数据表主要分为两种：原始数据表和实验结果表。以离心泵实验为例进行说明。原始数据表是在实验前设计好的，记录的内容是未经任何运算的原始数据。离心泵实验原始数据记录表如表 2-3 所示。

表 2-3　实验原始数据记录表

离心泵型号：＿＿＿＿＿＿＿＿　　泵转速：＿＿＿r/min　　电机效率：＿＿W
两取压口垂直高度差：＿＿＿＿m　　水平均温度 t_R：＿℃
泵入口管内径：＿＿＿＿＿　　　　泵出口管内径：＿＿＿＿＿

序号	流量计读数 /(m³/h)	压强表读数 /MPa	真空表读数 /MPa	功率表读数 /W
1				
2				
…				

在实验过程中每完成一组实验数据的测定，应及时将有关数据记录入表中，当实验完成时，就得到一张完整的原始数据表。

实验结果表是在此基础上经过运算和整理得出的，直接反映了所要表达的量与操作参数之间的关系，如表 2-4 所示。

表 2-4　数据整理结果

序号	流量(Q) /(m³/h)	扬程(H) /m	轴功率(N) /W	效率(η) /%
1				
2				
…				

列表时应注意：

① 表格的表头列出变量名称、单位。

② 数字要注意有效位数，要与测量仪表的精确度相适应。

③ 数字较大或较小时要用科学记数法表示，将 $10^{\pm n}$ 记入表头，注意参数等于表中数字×$10^{\pm n}$。

④ 实验中，记录表格要正规，原始数据要书写清楚、整齐，不得潦草，要记录各种实验条件，并妥善保管。

2.4.2.2　图示法

图示法是以曲线的形式表达实验结果的一种数据处理方法，此法能够直观地显示变量间的函数关系，清楚地反映函数的变化趋势、极值点、转折点和周期性等。尤其是在变量间的数学解析式无法获得的情况下，这种方法是数据处理的有效手段，为了能够正确反映实验结果，同时也为了结果的模型化，图示法的坐标类型和刻度的大小应根据变量之间的关系和大小加以确定。对于线性函数关系 $y=a+bx$，采用普通的直角坐标系；对于指数函数关系 $y=a^x$，采用半对数坐标 $\lg y=x\lg a$；对于幂函数关系 $y=ax^b$，采用双对数坐标 $\lg y=\lg a+b\lg x$。

坐标的分度值应与实验数据的精度相匹配，即坐标读数的有效数字应与测量值的有效数字的位数相一致；坐标分度值的起点不必从零开始，一般取略低于数据的最小值的某一整数为坐标起点，略高于数据的最大值的某一整数为坐标的终点，这样使得曲线位于坐标系的中心位置。

2.4.2.3 回归分析法

将离散数据点回归成某一特定的函数形式，用以表达变量间的函数关系，这种方法称为回归分析法。在化工实验研究中，有些变量之间的函数关系式可以由基本的物理、化学定律得到，而有些只能依据实验数据点绘成的曲线形式来确定自变量与因变量之间函数关系的表达式，不管属于哪种情况，表达式中的待定参数（模型参数）都需要通过数据回归才能确定。回归分析法是研究变量相关关系的一种数学方法。回归分析法处理实验数据的步骤如下：

① 选择和确定回归方程。

② 用实验数据确定回归方程中的模型参数。

当回归方程的形式确定后，需要用实验数据对方程进行拟合，确定方程中的模型参数，进而得到能够真实地表达实验结果的拟合方程。由于测试过程中会出现随机误差，实验值 y_i 与模型方程的计算值 Y_i 不可能完全吻合，但可以通过调整模型参数，使模型方程的计算值尽可能逼近实验数据，使其各点的残差趋于最小。由于不同点的残差 y_i-Y_i 可正可负，所以采用残差平方和最小为参数估计值的目标函数，其表达式为

$$Q=\sum_{i=1}^{n}(y_i-Y_i)^2 \rightarrow \min \tag{2-20}$$

这就是最小二乘法的基本思想。最小二乘法可用于线性和非线性、单参数和多参数数学模型的参数估计，它是实验数据回归分析的基本方法。

下面以一元线性函数 $y=a+bx$ 为例，介绍利用最小二乘法确定模型参数的具体过程。将线性拟合函数代入目标函数的表达式中，得

$$Q=\sum_{i=1}^{n}(y_i-Y_i)^2=\sum_{i=1}^{n}[y_i-(a+bx_i)]^2$$

将目标函数分别对待估参数 a 和 b 求偏导数，并令导数等于零，得到如下的正规方程：

$$na+\left(\sum_{i=1}^{n}x_i\right)b=\sum_{i=1}^{n}y_i \tag{2-21}$$

$$\left(\sum_{i=1}^{n}x_i\right)a+\left(\sum_{i=1}^{n}x_i^2\right)b=\sum_{i=1}^{n}x_iy_i \tag{2-22}$$

令 $\quad \overline{x}=\dfrac{1}{n}\sum_{i=1}^{n}x_i,\overline{y}=\dfrac{1}{n}\sum_{i=1}^{n}y_i$

由正规方程可解出模型参数 a、b 分别为

$$a=\overline{y}-b\overline{x} \tag{2-23}$$

$$b = \frac{\sum\limits_{i=1}^{n} x_i y_i - n\overline{x}\,\overline{y}}{\sum\limits_{i=1}^{n} x_i^2 - n\overline{x}^2} = \frac{\sum\limits_{i=1}^{n} (x_i - \overline{x})(y_i - \overline{y})}{\sum\limits_{i=1}^{n} (x_i - \overline{x})^2} \tag{2-24}$$

2.4.3 测量结果的统计检验

利用回归分析所建立的实验指标 y 与变量 x 之间函数关系式是否真实反映了实验数据，还需要进行统计学检验，统计学检验的目的是评价模型计算值与实验值之间是否存在相关性以及相关的密切程度。检验的方法是：

① 建立一个能够表征实验指标 y 与变量 x 之间相关程度的数量指标，称为检验统计量。

② 假设 y 与变量 x 不相关概率为 α，则可以在专门的统计检验表中查出与之相对应的临界检验统计量。

③ 将计算的检验统计量与临界检验统计量进行比较，便可判断实验指标 y 与变量 x 之间相关性的显著水平，其判别标准见表 2-5。

表 2-5　显著性水平的判别标准

显著性水平	检验判据	相关性
$\alpha = 0.01$	计算统计量＞临界统计量	高度显著
$\alpha = 0.05$	计算统计量＞临界统计量	显著

常用的统计检验方法有 F 检验法和相关系数法。

2.4.3.1 F 检验法

F 检验法的检验统计量为 F 因子，其表达式如下

$$F = \frac{\sum\limits_{i=1}^{n} (Y_i - \overline{y})^2 / f_u}{\sum\limits_{i=1}^{n} (y_i - Y_i)^2 / f_q} = \frac{u/f_u}{q/f_q} \tag{2-25}$$

式中，f_u 为回归平方和的自由度，$f_u = N$；f_q 为残差平方和的自由度，$f_q = n - N - 1$；n 为实验点数；N 为自变量个数；u 为回归平方和，表示变量水平变化引起的偏差；q 为残差平方和，表示实验误差引起的偏差。

检验时，首先依式(2-25)计算统计量 F 因子，然后根据显著性水平 α 和自由度 f_u、f_q，从《数学手册》F 分布数值表中查出相应的临界统计量因子 F_α，依照表 2-5 进行相关显著性检验。

2.4.3.2 相关系数法

相关系数法的检验统计量为相关系数，其表达式如下

$$r = \frac{\sum\limits_{i=1}^{n} (x_i - \overline{x})(y_i - \overline{y})}{\sqrt{\sum\limits_{i=1}^{n} (x_i - \overline{x})^2 \sum\limits_{i=1}^{n} (y_i - \overline{y})^2}} \tag{2-26}$$

当 $r = 1$ 时，y 与 x 完全正相关，实验点均落在回归直线 $y = a + bx$ 上；当 $r = -1$ 时，

y 与 x 完全负相关，实验点均落在回归直线 $y=a-bx$ 上；当 $r=0$ 时，y 与 x 无线性关系。

　　一般情况下，$0<|r|<1$，要判别 x 和 y 之间的线性相关程度，需要进行显著性检验，其方法类似于 F 检验法，即根据显著性水平 α 和自由度 f_q，从手册中查出相应的临界相关系数 r_α，依照表 2-5 进行相关显著性检验。

　　目前，许多数据处理软件（如 Excel、Origin）都具有数据回归分析方面的功能，这些软件不仅可以给出数据拟合的曲线图，而且还可以给出关联式以及相关系数。

第 3 章
测量仪表和测量方法

3.1 检测仪表基本概念及性能指标

3.1.1 测量范围

测量范围就是指仪表按规定的精度进行测量的范围。

测量范围的最大值称为测量上限值,简称上限。

测量范围的最小值称为测量下限值,简称下限。

仪表的量程可以用来表示其测量范围的大小,是其测量上限值与下限值的代数差,即

$$量程=测量上限值-测量下限值 \tag{3-1}$$

例如,一台温度检测仪表的测量上限值是 600℃,下限值是−200℃,则其测量范围为−200~600℃。量程=测量上限值−测量下限值=600℃−(−200℃)=800℃。

仪表的量程在检测仪表中是一个非常重要的概念,它与仪表的精度、精度等级及仪表的选用都有关。

仪表测量范围的另一种表示方法是给出仪表的零点及量程。仪表的零点即仪表的测量下限值。这是一种更为常用的表示方法。

3.1.2 零点迁移和量程迁移

在实际应用中,由于测量要求或测量条件的变化,需要改变仪表的零点或量程,可以对仪表的零点和量程进行调整。

通常将零点的变化称为零点迁移,量程的变化称为量程迁移。假设仪表的特性曲线是线性的,如图 3-1 中线段 1 所示。

单纯零点迁移情况如图 3-1 中线段 2 所示。此时仪表量程不变,其斜率亦保持不变,线段 2 只是线段 1 的平移,理论上零点迁移到了原输入值的−25%,上限值迁移到了原输入值的 75%,而量程则仍为 100%。

单纯量程迁移情况如图 3-1 中线段 3 所示。此时仪表零点不变,线段仍通过坐标系原点,但斜率发生了变化,上限值迁移到了原输入值的 140%,

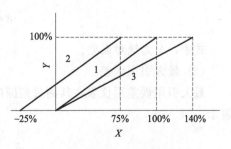

图 3-1 零点迁移和量程迁移示意

量程变为 140%。

3.1.3 灵敏度、分辨率及分辨力

（1）灵敏度

灵敏度 S 表示仪表对被测量变化的灵敏程度，常以在被测量改变时，经过足够时间仪表指示值达到稳定状态后，仪表输出的变化量 Δy 与引起此变化的输入变化量 Δx 之比表示，即

$$S = \frac{\Delta y}{\Delta x} \tag{3-2}$$

在量纲相同的情况下，仪表灵敏度的数值越大，说明仪表越灵敏。灵敏度即为图 3-1 中的斜率，零点迁移灵敏度不变，而量程迁移则意味着灵敏度的改变。

（2）分辨率

分辨率又称灵敏限，是仪表输出能响应和分辨的最小输入变化量。

分辨率是灵敏度的一种反映，一般来说仪表的灵敏度高，其分辨率也高。在实际应用中，希望提高仪表的灵敏度，从而保证其有较高的分辨率。

（3）分辨力

对于数字式仪表而言，分辨力是指该表的最末位数字间隔所代表的被测参数变化量。

3.1.4 线性度

线性度是衡量实际特性偏离线性程度的指标。其定义为仪表输出-输入校准曲线与理论拟合直线之间的绝对误差的最大值 ΔL_{max}（如图 3-2 所示）与仪表量程的百分比，即

$$线性度 = \frac{\Delta L_{max}}{量程} \times 100\% \tag{3-3}$$

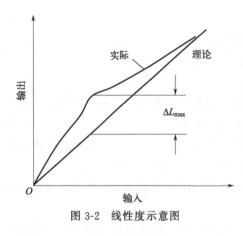

图 3-2 线性度示意图

3.1.5 精度和精度等级

仪表的精确程度（准确程度）不仅与仪表的绝对误差有关，还与仪表的测量范围有关，因此不能采用绝对误差来衡量仪表的准确度。通常用引用误差来衡量仪表的准确性能。

（1）引用误差

引用误差 δ 又称为相对百分误差，用仪表的绝对误差与仪表量程之比的百分数来表示，即

$$\delta = \frac{\Delta}{量程} \times 100\% \tag{3-4}$$

式中，Δ 为绝对误差。

（2）最大引用误差

最大引用误差用仪表在其测量范围内的最大绝对误差 Δ_{max} 与仪表量程之比的百分数来表示，即

$$\delta_{max} = \frac{\Delta_{max}}{量程} \times 100\% \tag{3-5}$$

（3）允许的最大引用误差

仪表允许误差与仪表量程的百分比就是仪表允许的最大引用误差，即

$$\delta_{允} = \frac{\Delta_{\max允}}{量程} \times 100\% \qquad (3\text{-}6)$$

（4）精度

精度又称为精确度或准确度，是指测量结果和实际值一致的程度，是用仪表误差的大小来说明其指示值与被测量真值之间的符合程度。通常用允许的最大引用误差去掉正负号（±）和百分号（%）后，剩下的数字来衡量。其数值越大，表示仪表的精度越低；数值越小，表示仪表的精度越高。

（5）精度等级

按照仪表工业的规定，仪表的精度划分为若干等级，称精度等级。我国常用的精度等级有：

$$\underset{\text{Ⅰ级标准表}}{\underline{0.005，0.01，0.02，0.05}} \qquad \underset{\text{Ⅱ级标准表}}{\underline{0.1，0.2，0.5}} \qquad \underset{\text{工业用表}}{\underline{1.0，1.5，2.5}}$$

所谓 1.0 级仪表，即该仪表允许的最大相对百分误差为 ±1%，以此类推。仪表精度等级是衡量仪表质量优劣的重要指标之一。精度等级的数字越小，仪表的精度等级就越高，也说明该仪表的精度高。

3.1.6　回差

回差又称变差或来回差，是指在相同条件下，使用同一仪表对某一参数在整个测量范围内进行正、反（上、下）行程测量时，所得到的在同一被测值下正行程和反行程的最大绝对差值，如图 3-3 所示。回差一般用上升曲线与下降曲线在同一被测值下的最大差值与量程之比的百分数表示，即

$$回差 = \frac{\left|正行程测量值 - 反行程测量值\right|_{\max}}{量程} \times 100\%$$

$$(3\text{-}7)$$

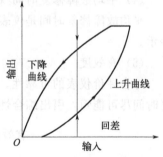

图 3-3　回差（死区和滞环综合效应）示意图

造成仪表回差的原因很多，如传动机构的间隙、运动部件的摩擦、弹性元件的弹性滞后等。一个仪表的回差越小，其输出的重复性和稳定性越好。一般情况下，仪表的回差不能超出仪表的允许误差。

3.1.7　反应时间

当用仪表对被测量进行测量时，被测量突然变化后，仪表指示值总是要经过一段时间以后才能准确地显示出来。反应时间就是用来衡量仪表能不能尽快反映出被测量变化的指标。仪表的反应时间有不同的表示方法。仪表的输出信号（指示值）由开始变化到新稳态值的 63.2% 所用的时间，可用来表示反应时间。也有用变化到新稳态值的 95% 所用时间来表示反应时间的。

3.1.8　重复性和再现性

重复性是衡量仪表不受随机因素影响的能力，再现性是仪表性能稳定的一种标志。

（1）重复性

在相同测量条件下，对同一被测量，按同一方向（由小到大或由大到小）连续多次测量时，所得到的多个输出值之间相互一致的程度称为仪表的重复性。

（2）再现性

仪表的再现性是指在相同的测量条件下，在规定的相对较长的时间内，对同一被测量从两个方向上重复测量时，仪表实际上升和下降曲线之间离散程度的表示。

在评价仪表的性能时，常常同时要求其重复性和再现性。重复性和再现性的数值越小，仪表的质量越高。重复性和再现性优良的仪表并不一定精度高，但高精度的优质仪表一定有很好的重复性和再现性。重复性和再现性的优良只是保证仪表准确度的必要条件。

3.1.9　可靠性和稳定性

（1）可靠性

可靠性是反映仪表在规定的条件下和规定的时间内完成规定功能的能力的一种综合性质量指标。

（2）可靠度

可靠度指仪表在规定的工作时间内无故障的概率。

（3）平均无故障工作时间（MTBF）

平均无故障工作时间是仪表在相邻两次故障间隔内有效工作时的平均时间，用 MTBF（mean time between failure）来表示。

（4）平均故障修复时间（MTTR）

平均故障修复时间是仪表故障修复所用的平均时间，用 MTTR（mean time to repair）表示。

（5）有效度

综合评价仪表的可靠性，要求平均无故障工作时间尽可能长的同时，又要求平均故障修复时间尽可能短，引出综合性能指标有效度，也称为可用性，即

$$有效度（可用性）= \frac{MTBF}{MTBF+MTTR} \times 100\% \tag{3-8}$$

有效度表示仪表的可靠程度，数值越大，仪表越可靠，或者说可靠度越高。

（6）稳定性

仪表的稳定性可以从两个方面来描述。一是时间稳定性，它表示在工作条件保持恒定时，仪表输出值（示值）在规定时间内随机变化量的大小，一般以仪表示值变化量和时间之比来表示；二是使用条件变化稳定性，它表示仪表在规定的使用条件内，某个条件的变化对仪表输出值的影响。

3.2　温度测量与仪表

3.2.1　温度与温度测量方法

温度是表征物体冷热程度的物理量，是物体分子运动平均动能大小的标志。温度不能直接加以测量，只能借助于冷热不同的物体之间的热交换，或物体的某些物理性质随着冷热程

度不同而变化的特性间接测量。

根据测温元件与被测物体接触与否，温度测量可以分为接触式测温和非接触式测温两大类。

（1）接触式测温

接触式测温选择合适的物体作为温度敏感元件，其某一物理性质随温度而变化的特性为已知，通过温度敏感元件与被测对象的热交换，测量相关的物理量，即可确定被测对象的温度。

（2）非接触式测温

应用物体的热辐射能量随温度的变化而变化的原理进行测温。物体辐射能量的大小与温度有关，当选择合适的接收检测装置时，便可测得被测对象发出的热辐射能量并且转换成可测量和显示的各种信号，实现温度的测量。

3.2.2　常用温度测量仪表

常用的仪表有膨胀式温度计、热电偶温度计、热电阻温度计等，其中后两者最为常用。

3.2.2.1　膨胀式温度计

基于物体受热体积膨胀的性质而制成的温度计称为膨胀式温度计。

玻璃液体温度计是利用液体受热后体积随温度膨胀的原理制成的，是典型的膨胀式温度计之一。玻璃温包插入被测介质中，被测介质的温度升高或降低，使感温液体膨胀或收缩，进而沿毛细管上升或下降，由刻度标尺显示出温度的数值。大多数玻璃液体温度计中的液体为水银或酒精。玻璃液体温度计结构简单，使用方便，精度高，价格低廉。

3.2.2.2　热电偶温度计

热电偶温度计是将温度变化转换成电势变化的热电式传感器。它具有结构简单、使用方便、精度高、热惯性小，可测量局部温度、便于远距离传送、集中检测、自动记录等优点，是目前工业生产过程中应用最多的测温仪表，在温度测量中占有重要的地位。

热电偶温度计由热电偶、测量仪表、连接热电偶和测量仪表的导线三部分组成。图 3-4 是热电偶温度计简单测温系统的示意图。

（1）热电偶测温原理

热电偶的基本工作原理是基于热电效应。将两种不同的导体或半导体（A、B）连接在一起构成一个闭合回路（如图 3-5 所示），当两接点处温度不同时（$T > T_0$），回路中将产生电动势，这种现象称为热电效应，亦称塞贝克效应，所产生的电动势称为热电势或塞贝克电势。

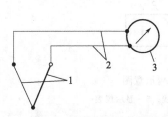

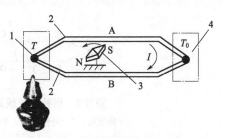

图 3-4　热电偶温度计测温系统示意图　　　　图 3-5　热电偶原理示意图

1—热电偶；2—导线；3—测量仪表　　　　1—测量端；2—热电极；3—指南针；4—参考端

两种不同材料的导体或半导体所组成的回路称为热电偶，组成热电偶的导体或半导体称为热电极。置于温度为 T 的被测介质中的接点称为测量端，又称工作端或热端。置于参考温度为 T_0 的温度相对固定处的另一接点称为参考端，又称固定端、自由端或冷端。

热电偶回路产生的热电势由两部分构成，即接触电势和温差电势。

接触电势：两种不同导体接触时产生的电势。

温差电势：在同一导体中，由两端温度不同而产生的电势。

热电偶回路的总热电势：

$$E_{A,B}(T,T_0)=E_{A,B}(T)-E_{A,B}(T_0) \tag{3-9}$$

可以看出，热电偶回路的总电动势为 $E_{A,B}(T)$ 和 $E_{A,B}(T_0)$ 两个分电动势的差。总电动势由与 T 有关和与 T_0 有关的两部分组成，它由电极材料和接点温度而定。

当材质选定后，将 T_0 固定，即 $E_{A,B}(T_0)$ 为常数，则

$$E_{A,B}(T,T_0)=E_{A,B}(T)-C=\Phi(T) \tag{3-10}$$

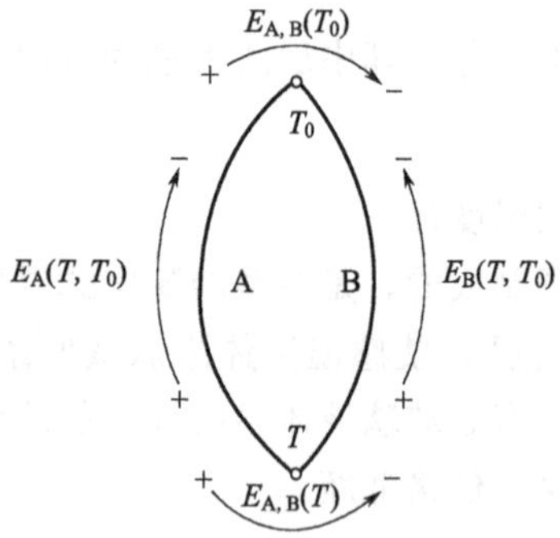

它只与 $E_{A,B}(T)$ 有关，A、B 选定后，回路总电动势就只是温度 T 的单值函数，只要测得 $E_{A,B}(T)$，即可得到温度，这就是热电偶测温的基本原理。热电偶回路产生热电势的基本条件是：两电极材料不同，两接点温度不同。热电偶回路的总热电势示意图见图 3-6。

（2）热电偶应用定则

① 均质导体定则：两种均质导体构成的热电偶，其热电势大小与热电极材料的几何形状、直径、长度及沿热电极长度上的温度分布无关，只与电极材料和两端温度差有关。

② 中间导体定则：在热电偶测温回路中接入中间导体，只要中间导体两端温度相同，则它的接入对回路的总热电势值没有影响。即回路中总的热电势与引入第三种导体无关，这就是中间导体定则。

图 3-6　热电偶回路的总热电势示意图

③ 中间温度定则：热电偶 A、B 在接点温度为 T、T_0 时的电动势 $E_{A,B}(T,T_0)$，等于热电偶 A、B 在接点温度为 T、T_C 和 T_C、T_0 时的电动势 $E_{A,B}(T,T_C)$ 和 $E_{A,B}(T_C,T_0)$ 的代数和。

$$E_{A,B}(T,T_0)=E_{A,B}(T,T_C)+E_{A,B}(T_C,T_0) \tag{3-11}$$

（3）热电偶冷端的延长

采用一种专用导线，将热电偶的冷端延伸出来，这既能保证热电偶冷端温度保持不变，又经济。这种专用导线称为补偿导线。用补偿导线延长热电偶的冷端示意图见图 3-7。

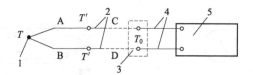

图 3-7　用补偿导线延长热电偶的冷端示意图

1—测量端；2—补偿导线；3—冷端；4—铜导线；5—显示仪表

由中间导体定则可知

$$E=E_{A,B}(T,T')+E_{A,B}(T',T_0)=E_{A,B}(T,T_0) \qquad (3-12)$$

可见，用补偿导线延伸后，其回路电势只与新冷端温度有关，而与原冷端温度变化无关。

补偿导线也是热电偶，只不过是廉价金属组成的热电偶。不同的热电偶因其热电特性不同，必须配以不同的补偿导线。使用补偿导线应注意：首先，补偿导线与热电偶型号相匹配；其次，补偿导线的正负极与热电偶的正负极要相对应，不能接反，且连接点温度相同；再次，原冷端和新冷端温度在 $0 \sim 100$℃ 范围内；最后，当新冷端温度不为 0℃ 时，还需进行其他补偿和修正。

（4）热电偶的冷端温度补偿

在应用热电偶测温时，只有将冷端温度保持为 0℃，或者是进行一定的修正才能得出准确的测量结果。这样做，就称为热电偶的冷端温度补偿。一般采用下述几种方法。

① 冷端温度保持 0℃ 法：图 3-8 为热电偶冷端温度保持 0℃ 法示意。

② 冷端温度计算校正法：在实际生产中，采用补偿导线将热电偶冷端移到温度 T_0 处，通常为环境温度而不是 0℃。根据中间温度定则，有

$$E(T,0)=E(T,T_0)+E(T_0,0) \qquad (3-13)$$

将仪表测出的回路电势值 $E(T,T_0)$ 与 $E(T_0,0)$ 相加，求得 $E(T,0)$ 后，再反查分度表求出，就得到了实际被测温度。用计算校正法来补偿冷端温度的变化需要计算、查表，仅适用于实验室测温，不能应用于生产过程的连续测量。

③ 校正仪表零点法：测温元件为热电偶时，要使测温时指示值不偏低，可预先将仪表指针调整到相当于室温的数值上。此法只能在测温要求不太高的场合下应用。

④ 补偿电桥法：利用不平衡电桥产生的电势，补偿热电偶因冷端温度变化而引起的热电势变化值，如图 3-9 所示。

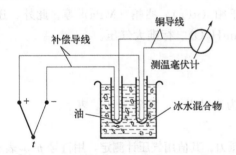

图 3-8　热电偶冷端温度保持 0℃ 法示意图

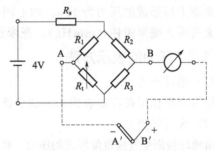

图 3-9　补偿电桥法示意图

使用补偿电桥时应注意由于电桥是在 20℃ 时平衡，需将显示仪表机械零点预先调至 20℃。如果补偿电桥是按 0℃ 时平衡设计的，则零点应调至 0℃。补偿电桥、热电偶、补偿导线和显示仪表型号必须匹配。补偿电桥、热电偶、补偿导线和显示仪表的极性不能接反，否则将带来测量误差。

3.2.2.3　热电阻温度计

物质的电阻率随温度的变化而变化的特性称为热电阻效应，利用热电阻效应制成的检测元件称为热电阻（RTDs）。

在中、低温区，一般使用热电阻温度计来进行温度的测量较为适宜。

热电阻温度计是由热电阻（感温元件）、显示仪表（不平衡电桥或平衡电桥）以及连接

导线所组成。

热电阻式温度检测元件分为两大类：由金属或合金导体制作的金属热电阻和由金属氧化物半导体制作的半导体热敏电阻。一般把金属热电阻称为热电阻，而把半导体热电阻称为热敏电阻。

大多数金属电阻具有正的电阻温度系数，温度越高电阻值越大。一般温度每升高 1℃，电阻值增加 0.4%～0.6%。半导体热敏电阻大多具有负温度系数，温度每升高 1℃，电阻值减少 2%～6%。

金属热电阻测温基于导体或半导体的电阻值随温度变化的特性。热电阻测温的优点是信号可以远传、输出信号强、灵敏度高、无须进行冷端补偿。金属热电阻稳定性高、互换性好、准确度高，可以用作基准仪表。其缺点是需要电源激励，不能测高温和瞬时变化的温度。测温范围为 −200～850℃，一般用在 500℃ 以下的测温，适用于测量 −200～500℃ 范围内液体、气体、蒸气及固体表面的温度。目前工业上应用最多的热电阻有铂热电阻和铜热电阻。

3.3 压力测量与仪表

3.3.1 压力与压力表示方法

3.3.1.1 压力的定义

压力是指垂直、均匀地作用于单位面积上的力。

3.3.1.2 压力的单位

国际单位制（SI）压力单位是帕斯卡，简称为帕，符号为 Pa，即 1N 垂直均匀地作用在 $1m^2$ 面积上所形成的压力为 1Pa。加上词头又有千帕（kPa）、兆帕（MPa）等。此外，还有工程大气压、毫米汞柱（mmHg）、毫米水柱（mmH_2O）、标准大气压。

3.3.1.3 压力的表示方法

（1）绝对压力

被测介质作用在容器表面积上的全部压力称为绝对压力，用符号 $p_绝$ 表示。

（2）大气压力

由地球表面空气柱重量形成的压力，称为大气压力。其值用气压计测定，用符号 $p_{大气}$ 表示。

（3）表压力

通常压力测量仪器是处于大气之中，其测量的压力值等于绝对压力和大气压力之差，称为表压力，用符号 $p_表$ 表示。常用压力测量仪表测得的压力值均是表压力。

（4）真空度

当绝对压力小于大气压力时，表压力为负值（负压力），其绝对值称为真空度，用符号 $p_真$ 表示。用来测量真空度的仪器称为真空表。

（5）差压

设备中两处的压力之差称为差压。生产过程中有时直接以差压作为工艺参数。差压的测量还可作为流量和物位测量的间接手段。

压力检测的主要方法有重力平衡方法、弹性力平衡方法、机械力平衡方法、物性测量方法等。

3.3.2　常用压力测量仪表

3.3.2.1　液柱式压力计

一般采用水银或水为工作液，用 U 形管、单管或斜管进行压力测量，常用于低压、负压或压力差的检测。

U 形管压差计工作原理图如图 3-10 所示，它的两个管口分别接压力 p_1 和 p_2。当 $p_1 = p_2$ 时，左右两管的液体的高度相等，如图 3-10(a) 所示。当 $p_2 > p_1$ 时，U 形管的两管内的液面便会产生高度差，如图 3-10(b) 所示。用 U 形管进行压力检测具有结构简单、读数直观、准确度较高、价格低廉等优点，它不仅能测表压、差压，还能测负压，是科学实验研究中常用的压力检测工具。U 形管压差计的缺点：只能测量较低的压力或差压（不可能将 U 形管做得很长），测量上限不超过 $0.1 \sim 0.2\text{MPa}$，为了便于读数，U 形管一般是用玻璃做成，因此易破损，同时也不能用于静压较高的差压检测，另外它只能进行现场指示。

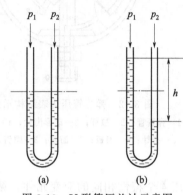

图 3-10　U 形管压差计示意图

3.3.2.2　弹性式压力计

（1）弹簧管

弹簧管是弯成圆弧形的空心管子，其横截面呈非圆形。弹簧管一端是开口的，另一端是封闭的。开口端作为固定端，被测压力从开口端接入弹簧管内腔；封闭端作为自由端，可以自由移动。单圈弹簧管结构如图 3-11 所示。

当被测压力从弹簧管的固定端输入时，弹簧管的非圆横截面，使它有变成圆形并伴有伸直的趋势，使自由端产生位移并改变中心角 θ。所以自由端的位移量能够反映压力 p 的大小，这就是弹簧管的测压原理。

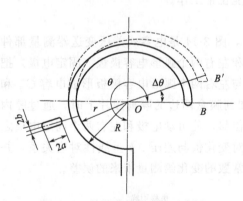

图 3-11　单圈弹簧管结构示意图

（2）弹簧管压力表

弹簧管压力计可以通过传动机构直接指示被测压力，也可以用适当的转换元件把弹簧管自由端的位移变换成电信号输出。

弹簧管压力表是一种指示型仪表，如图 3-12 所示。被测压力由接头 9 输入，使弹簧管 1 的自由端产生位移，通过拉杆 2 使扇形齿轮 3 作逆时针偏转，于是指针 5 通过同轴的中心齿轮 4 的带动而作顺时针偏转，在面板 6 的刻度标尺上显示出被测压力的数值。游丝 7 用来克服扇形齿轮和中心齿轮的间隙所产生的仪表变差。改变调节螺钉 8 的位置（即改变机械传动的放大系数），可以改变压力表的量程。

3.3.2.3　压力传感器

能够检测压力值并提供远传信号的装置统称为压力传感器。

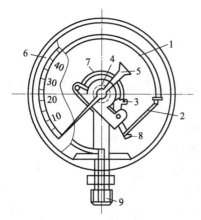

图 3-12 弹簧管压力表结构示意图

1—弹簧管；2—拉杆；3—扇形齿轮；4—中心齿轮；
5—指针；6—面板；7—游丝；8—螺钉；9—接头

（1）应变式压力传感器

各种应变元件与弹性元件配用，组成应变式压力传感器。应变元件的工作原理是基于导体和半导体的"应变效应"，即由金属导体或者半导体材料制成的电阻体。当它受到外力作用产生形变（伸长或者缩短）时，应变片的阻值也将发生相应的变化。为了使应变元件能在受压时产生形变，应变元件一般要和弹性元件一起使用，弹性元件可以是金属膜片、膜盒、弹簧管及其他弹性体；敏感元件（应变片）有金属或合金丝、箔等，可做成丝状、片状或体状。它们可以以粘贴或非粘贴的形式连接在一起，在弹性元件受压形变的同时带动应变片也发生形变，其阻值也发生变化。粘贴式压力计通常采用 4 个特性相同的应变元件，粘贴在弹性元件的适当位置上，并分别接入电桥的 4 个臂，则电桥输出信号可以反映被测压力的大小。为了提高测量灵敏度，通常使相对桥臂的两对应变元件分别位于接受拉应力或压应力的位置上。如图 3-13 所示。

（2）压阻式压力传感器

压阻式压力传感器是根据压阻效应原理制造的，其压力敏感元件就是在半导体材料的基片上利用集成电路工艺制成的扩散电阻，当它受到外力作用时，扩散电阻的阻值随电阻率的变化而改变，扩散电阻一般也要依附于弹性元件才能正常工作。

（3）电容式差压变送器

电容式差压变送器采用差动电容作为检测元件，图 3-14 是电容式差压变送器测量部件的原理，它主要是利用中心感压膜片（可动电极）和左右两个弧形电容极板（固定电极）把差压信号转换为差动电容信号，中心感压膜片分别与左右两个弧形电容极板形成电容 C_{i1} 和 C_{i2}。当正、负压力（差压）由正、负压室导压口加到膜盒两边的隔离膜片上时，通过腔内硅油液压传递到中心感压膜片，中心感压膜片产生位移，使可动电极和左右两个固定电极之间的间距不再相等，形成差动电容。差动电容的相对变化值与差压 Δp 呈线性对应关系，并与腔内硅油的介电常数无关，从原理上消除了介电常数的变化给测量带来的误差。

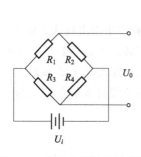

图 3-13　直流电桥结构示意图

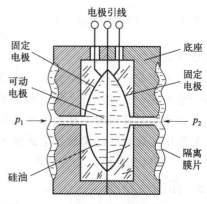

图 3-14　电容式差压变送器测量原理图

3.4　流量测量与仪表

3.4.1　流量与流量测量方法

3.4.1.1　流量

流量是指单位时间内流过管道某一截面的流体数量，此流量又称瞬时流量。流体数量以体积表示称为体积流量 q_V。流体数量以质量表示称为质量流量 q_m。

3.4.1.2　流量测量方法

流量检测方法可以分为体积流量检测和质量流量检测两种，前者测得流体的体积流量值，后者可以直接测得流体的质量流量值。

（1）体积流量的测量方法

① 容积法：在单位时间内以标准固定体积对流动介质连续不断地进行测量，以排出流体固定容积来计算流量。椭圆齿轮流量计、旋转活塞式流量计和刮板流量计均是采用本法进行测量的。本法的特点是受流体的流动状态影响小，适用于测量高黏度、低雷诺数的流体。

② 速度法：这种方法是先测出管道内的平均流速，再乘以管道截面积求得流体的体积流量。本法的特点是较宽的使用条件，可用于各种工况下的流体的流量检测。利用平均流速计算流量，管路条件的影响大，流动产生涡流以及截面上流速分布不对称等都会给测量带来误差。

（2）质量流量的测量方法

① 间接式质量流量测量方法：体积流量计与密度计组合，差压式流量计与密度计组合，其他体积流量计与密度计组合，体积流量计与体积流量计组合，温度、压力补偿式质量流量计。

② 直接式质量流量计：直接式质量流量计的输出信号直接反映质量流量，其测量不受流体的温度、压力、密度变化的影响。

3.4.2　常用流量测量仪表

3.4.2.1　容积式流量计

容积式流量计又称定（正）排量流量计，是直接根据排出的体积进行流量计算的仪表，它利用运动元件的往复次数或转速与流体的连续排出量成比例对被测流体进行连续的检测。

椭圆齿轮流量计的测量部分是由两个互相啮合的椭圆形齿轮 A 和 B、轴及壳体组成。椭圆齿轮与壳体之间形成测量室，如图 3-15 所示。

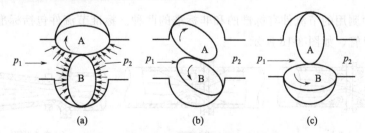

图 3-15　椭圆齿轮流量计测量工作原理图

当流体流过椭圆齿轮流量计时，由于要克服阻力，会引起阻力损失，从而使进口侧压力 p_1 大于出口侧压力 p_2，在此压力差的作用下，产生作用力矩使椭圆齿轮连续转动。在图 3-15(a) 所示的位置时，由于 $p_1>p_2$，在 p_1 和 p_2 的作用下所产生的合力矩使 A 顺时针方向转动。这时 A 为主动轮，B 为从动轮。在图 3-15(b) 所示位置，根据力的分析可知，此时 A 与 B 均为主动轮。当继续转至图 3-15(c) 所示位置时，p_1 和 p_2 作用在 A 轮上的合力矩为零，作用在 B 上的合力矩使 B 作逆时针方向转动，并把已吸入的半月形容积内的介质排至出口，这时 B 为主动轮，A 为从动轮，与图 3-15(a) 所示情况刚好相反。如此往复循环，A 和 B 互相交替地由一个带动另一个转动，并把被测介质以半月形容积为单位一次一次地由进口排至出口。所以，椭圆齿轮每转一周所排出的被测介质量为半月形容积的 4 倍，故通过椭圆齿轮流量计的体积流量 Q 为：

$$Q = 4nV_0 \tag{3-14}$$

由于椭圆齿轮流量计是基于容积式测量原理工作的，与流体的黏度等性质无关，特别适用于高黏度介质的流量测量。测量精度较高，压力损失较小，安装使用也较方便，在使用时要特别注意被测介质中不能含有固体颗粒，更不能夹杂机械物，否则会引起齿轮磨损以至损坏。椭圆齿轮流量计的入口端必须加装过滤器。另外，椭圆齿轮流量计的使用温度有一定范围，工作温度在 120℃ 以下，以防止齿轮卡死。

3.4.2.2 差压式流量计

差压式流量计是在流通管道上设置流动阻力件，流体流过阻力件时将产生压力差，此压力差与流体流量之间有确定的数值关系，通过测量差压值可以求得流体流量。最常用的差压式流量计是由产生差压的装置和差压计组成。流体流过差压产生装置形成静压差，由差压计测得差压值，并转换成流量信号输出。产生差压的装置有多种类型，包括节流装置，如孔板、喷嘴、文丘里管等，以及动压管、匀速管、弯管等。其他类型的差压式流量计还有靶式流量计、浮子流量计等。

（1）节流式流量计

节流式流量计可以用于测量液体、气体或蒸汽的流量。

节流式流量计中产生差压的装置称为节流装置，其主体是一个局部收缩阻力件，如果在管道中安置一个固定的阻力件，它的中间开一个比管道截面小的孔，当流体流过该阻力件时，流体流束收缩而使流速加快、静压力降低，其结果是在阻力件前后产生一个较大的压差。压差的大小与流体流速的大小有关，流速愈快，压差愈大，因此，只要测出压差就可以推算出流速，进而可以计算出流体的流量。

把流体流过阻力件流束收缩造成压力变化的过程称节流过程，其中的阻力件称为节流元件（节流件）。

作为流量检测用的节流件有标准的和非标准的两种。标准节流件包括标准孔板、标准喷嘴和标准文丘里管，如图 3-16 所示。

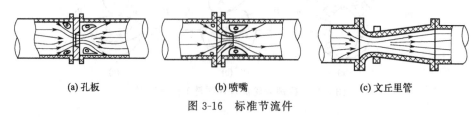

(a) 孔板　　　　　　(b) 喷嘴　　　　　　(c) 文丘里管

图 3-16　标准节流件

节流式流量计的特点是：结构简单，无可移动部件；可靠性高；复现性能好；适应性较广，是应用历史最长和最成熟的差压式流量计，至今仍占重要地位。其主要缺点是：安装要求严格；压力损失较大；精度不够高（±1%～±2%）；范围度窄（3∶1）；对较小直径的管道测量比较困难（$D < 50\mathrm{mm}$）。

① 节流原理：流体流动的能量有两种形式，分别为静压能和动能。流体由于有压力而具有静压能，又由于有流动速度而具有动能，这两种形式的能量在一定条件下是可以互相转化的。设稳定流动的流体沿水平管流经节流件，在节流件前后将产生压力和速度的变化，如图 3-17 所示。

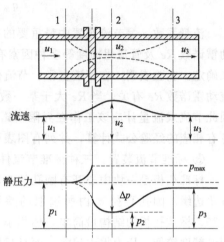

图 3-17　标准孔板的压力、流速分布示意图

在截面 1 处流体未受节流件影响，流束充满管道，流体的平均流速为 u_1，静压力为 p_1；流体接近节流装置时，由于遇到节流装置的阻挡，一部分动能转化为静压能，节流装置入口端面靠近管壁处流体的静压力升高至最大 $p_{\max}$；流体流经节流件时，流束截面收缩，流体流速增大，由于惯性的作用，流束流经节流孔以后继续收缩，到截面 2 处达到最小，此时流速最大为 u_2，静压力 p_2 最小；随后，流体的流束逐渐扩大，到截面 3 以后完全复原，流速恢复到原来的数值，即 $u_1 = u_3$，静压力逐渐增大到 p_3。流体流动产生的涡流和流体流经节流孔时需要克服摩擦力，导致流体能量的损失，所以在截面 3 处的静压力 p_3 不能恢复到原来的数值 p_1，而产生永久的压力损失。

② 流量方程：假设流体为不可压缩的理想流体，截面 1 处流体密度为 ρ_1，截面 2 处流体密度为 ρ_2，可以列出水平管道的能量方程和连续性方程。公式如下：

$$\frac{p_1}{\rho_1} + \frac{u_1^2}{2} = \frac{p_2}{\rho_2} + \frac{u_2^2}{2} \tag{3-15}$$

$$A_1 u_1 \rho_1 = A_2 u_2 \rho_2 \tag{3-16}$$

由式(3-15) 和式(3-16) 可以求出流体流经孔板时的平均流速 u_2：

$$u_2 = \frac{1}{\sqrt{1-\beta^4}} \sqrt{\frac{2}{\rho}(p_1 - p_2)} \tag{3-17}$$

$$\beta = \frac{d'}{D}$$

式中，d'、D 分别为截面 2 和截面 1 上流束直径。

根据流量的定义，流量与压差 $\Delta p = p_1 - p_2$ 之间的关系式如下：

$$q_v = A_0 u_2 = \frac{A_0}{\sqrt{1-\beta^4}} \sqrt{\frac{2}{\rho} \Delta p} \tag{3-18}$$

$$q_m = A_0 u_2 \rho = \frac{A_0}{\sqrt{1-\beta^4}} \sqrt{2\rho \Delta p} \tag{3-19}$$

在以上关系式中，由于用节流件的开孔面积代替了最小收缩截面，以及 Δp 有不同的取压位置等因素的影响，在实际应用时必然造成测量偏差。为此引入流量系数 α 进行修正，则最后推导出的流量方程式表示为：

$$q_v = \alpha \frac{\pi}{4} d^2 \sqrt{\frac{2}{\rho}\Delta p} \tag{3-20}$$

$$q_m = \alpha \frac{\pi}{4} d^2 \sqrt{2\rho\Delta p} \tag{3-21}$$

流量系数 α 是节流装置中最重要的一个系数，它与节流件形式、直径比、取压方式、流动雷诺数 Re 及管道粗糙度等多种因素有关。由于影响因素复杂，通常流量系数 α 要由实验来确定。实验表明，在管道直径、节流件形式、开孔尺寸和取压位置确定的情况下，α 只与流动雷诺数 Re 有关，当 Re 大于某一数值（称为界限雷诺数）时，α 可以认为是一个常数，因此节流式流量计应该工作在界限雷诺数以上。α 与 Re 及 β 的关系对于不同的节流件形式各有相应的经验公式计算，并列有图表可查。

③ 标准节流装置：三种标准节流件型式如图 3-16 所示。

标准孔板是一块中心开有圆孔的金属薄圆平板，圆孔的入口朝着流动方向，并有尖锐的直角边缘。圆孔直径 d 由所选取的差压计量程而定，在大多数使用场合，β 值为 0.2～0.75。标准孔板的结构最简单，体积小，加工方便，成本低，因而在工业上应用最多。但其测量精度较低，压力损失较大，而且只能用于清洁的流体。

标准喷嘴是由两个圆弧曲面构成的入口收缩部分和与之相接的圆筒形喉部组成，β 值为 0.32～0.8。标准喷嘴的形状适应流体收缩的流型，所以压力损失较小，测量精度较高。但它的结构比较复杂，体积大，加工困难，成本较高。然而由于喷嘴的坚固性，一般选择喷嘴用于高速的蒸汽流量测量。

文丘里管具有圆锥形的入口收缩段和喇叭形的出口扩散段。它能使压力损失显著地减少，并有较高的测量精度。但加工困难，成本最高，一般用在有特殊要求如低压损、高精度测量的场合。它的流道连续变化，所以可以用于脏污流体的流量测量，且在大管径流量测量方面应用较多。

④ 取压装置：标准节流装置规定了由节流件前后引出差压信号的几种取压方式，不同的节流件取压方式不同，有理论取压法、D-$D/2$ 取压法（也称径距取压法）、角接取压法、法兰取压法等，如图 3-18 所示。

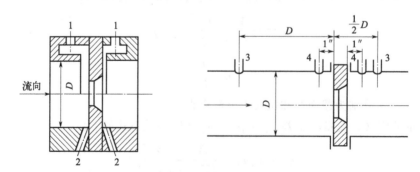

图 3-18　节流装置取压方式

图 3-18 中 1-1、2-2 所示为角接取压的两种结构，适用于孔板和喷嘴。1-1 为环室取压，上、下游静压通过环缝传至环室，由前、后环室引出差压信号；2-2 表示钻孔取压，取压孔开在节流件前后的夹紧环上，这种方式在大管径（$D>500\text{mm}$）时应用较多。3-3 为径距取压，取

压孔开在前、后测量管段上，适用于标准孔板。4-4 为法兰取压，上、下游侧取压孔开在固定节流件的法兰上，适用于标准孔板。取压孔大小及各部件尺寸均有相应规定，可以查阅有关手册。

（2）浮子流量计

浮子流量计也是利用节流原理测量流体的流量，但它的差压值基本保持不变，通过节流面积的变化反映流量的大小，故又称为恒压降变截面流量计，也称作转子流量计。

浮子流量计可以测量多种介质的流量，更适用于中小管径、中小流量和较低雷诺数的流量测量。其特点是结构简单，使用维护方便，对仪表前后直管段长度要求不高，压力损失小而且恒定，测量范围比较宽，刻度为线性。浮子流量计测量精确度为±2%左右。但仪表测量受被测介质的密度、黏度、温度、压力、纯净度影响，还受安装位置的影响。

浮子流量计测量主体由一根自下向上扩大的垂直锥形管和一个可以沿锥形管轴向上下自由移动的浮子组成，如图 3-19 所示。流体由锥形管的下端进入，经过浮子与锥形管间的环隙，从上端流出。当流体流过环隙面时，因节流作用而在浮子上下端面产生差压形成作用于浮子的上升力。当此上升力与浮子在流体中的重量相等时，浮子就稳定在一个平衡位置上，平衡位置的高度与所通过的流量有对应的关系，这个高度就代表流量值的大小。

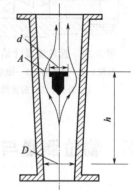

图 3-19 浮子流量计测量原理示意图

根据浮子在锥形管中的受力平衡条件，可以写出力平衡公式：

$$\Delta p A_f = V_f(\rho_f - \rho)g \tag{3-22}$$

式中，A_f 是转子的最大横截面积；V_f 为转子的体积；ρ_f 为转子密度；ρ 为流体密度。

将此恒压降公式代入节流流量方程式，则有

$$q_v = \alpha A \sqrt{\frac{2gV_f(\rho_f - \rho)}{\rho A_f}} \tag{3-23}$$

式中，A 为浮子最大截面处环形通道面积。对于小锥度锥形管，近似有 $A = ch$，系数 c 与浮子和锥形管的几何形状及尺寸有关，则流量方程式写为：

$$q_v = \alpha ch \sqrt{\frac{2gV_f(\rho_f - \rho)}{\rho A_f}} \tag{3-24}$$

式（3-24）给出了流量与浮子高度之间的关系，这个关系近似线性。

流量系数 α 与流体黏度、浮子形式、锥形管与浮子的直径比以及流速分布等因素有关，每种流量计有相应的界限雷诺数，在低于此值情况下 α 不再是常数。流量计应工作在 α 为常数的范围，即大于一定的雷诺数范围。流量计在出厂前均进行过标定，并绘有流量曲线，如改测其他流体时，则必须进行校正。

3.4.2.3 速度式流量计

速度式流量计的测量原理均基于与流体流速有关的各种物理现象，仪表的输出与流速有确定的关系，即可知流体的体积流量。最典型的速度式流量计是涡轮流量计。

涡轮流量计是利用安装在管道中可以自由转动的叶轮感受流体的速度变化，从而测定管道内的流体流量。

涡轮式流量检测方法是以动量矩守恒原理为基础，如图 3-20 所示，流体冲击涡轮叶片，

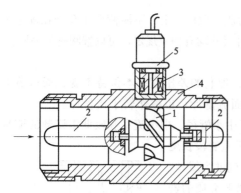

图 3-20　涡轮流量计结构示意图
1—涡轮；2—导流器；3—磁电感应转换器；
4—外壳；5—前置放大器

使涡轮旋转，涡轮的旋转速度随流量的变化而改变，通过涡轮外的磁电转换装置可将涡轮的旋转转换成脉冲电信号，通过测量脉冲频率或用适当的装置将电脉冲转换成电压或电流输出，最终测取流量。

使用涡轮流量计可以测量气体、液体流量，但要求被测介质洁净，并且不适用于黏度大的液体测量。涡轮流量计的测量精度较高，一般为 0.5 级，其缺点是制造困难、成本高。由于涡轮高速转动，轴承易磨损，降低了长期运行的稳定性，影响使用寿命。通常涡轮流量计主要用于测量精度要求高、流量变化快的场合，还用作标定其他流量的标准仪表。

3.5　物位测量与仪表

3.5.1　物位与物位测量方法

物位是指设备和容器中液体或固体物料的表面位置。对应不同性质的物料又有以下定义。

液位，指设备和容器中液体介质表面的高低。

料位，指设备和容器中所储存的块状、颗粒或粉末状固体物料的堆积高度。

界位，指相界面位置。容器中两种互不相溶的液体，因其重度不同而形成分界面，为液-液相界面；容器中互不相溶的液体和固体之间的分界面，为液-固相界面。液-液、液-固相界面的位置简称界位。

物位是液位、料位、界位的总称。对物位进行测量、指示和控制的仪表，称为物位检测仪表。

直读式物位检测仪表采用侧壁开窗口或旁通管方式，直接显示容器中物位的高度。

静压式物位检测仪表基于流体静力学原理，适用于液位检测。

浮力式物位检测仪表的工作原理是基于阿基米德定律，适用于液位检测。

机械接触式物位检测仪表通过测量物位探头与物料面接触时的机械力实现物位的测量。

电气式物位检测仪表是将电气式物位敏感元件置于被测介质中，当物位变化时其电气参数如电阻、电容等也将改变，通过检测这些电量的变化可知物位。

其他物位检测仪表还有声学式、射线式、光纤式仪表等。

3.5.2　常用物位测量仪表

3.5.2.1　压力和差压式液位计

静压式检测方法的测量原理如图 3-21 所示。

设容器上部空间的气体压力为 p_a，选定的零液位处压力为 p_b，则自零液位至液面的液柱高 H，所产生的静压差 Δp 可表示为：

$$\Delta p = p_b - p_a = \rho g H \tag{3-25}$$

当被测介质密度不变时，测量差压值 Δp 或液位零点位置的压力 p_b，即可得知液位。

对于敞口容器，p_a 为大气压力，只需将差压变送器的负压室通大气即可。若不需要远传信号，也可以在容器底部或侧面液位零点处引出压力信号，仪表指示的表压力即反映相应的液柱静压，如图 3-22 所示。对于密闭容器，可用差压计测量液位，其设置见图 3-23。差压计的正压侧与容器底部相通，负压侧连接容器上部的气空间。由式(3-25)可求出液位高度。

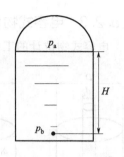

图 3-21 静压式液位计
原理示意图

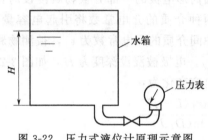

图 3-22 压力式液位计原理示意图

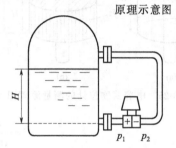

图 3-23 差压式液位计原理示意图

3.5.2.2 浮子式液位计

浮子式液位计是一种恒浮力式液位计。作为检测元件的浮子漂浮在液面上，浮子随着液面的变化而上下移动，其所受浮力的大小保持一定，检测浮子所在位置可知液面高低。浮子的形状常见有圆盘形、圆柱形和球形等，其结构要根据使用条件和使用要求来设计。

以图 3-24 所示的重锤式直读浮子液位计为例进行说明。浮子通过滑轮和绳带与平衡重锤连接，绳带的拉力与浮子的重量及浮力相平衡，以维持浮子处于平衡状态而漂在液面上，平衡重锤位置即可反映浮子的位置，从而测知液位。若圆柱形浮子的外直径为 D、浮子浸入液体的高度为 h、液体密度为 ρ，则其所受浮力 F 为：

$$F = \frac{\pi D^2}{4} h \rho g \tag{3-26}$$

此浮力与浮子的重力减去绳带向上的拉力相平衡。当液位发生变化时，浮子浸入液体的深度将改变，所受浮力亦变化。浮力变化 ΔF 与液位变化 ΔH 的关系可表示为：

$$\frac{\Delta F}{\Delta H} = \rho g \frac{\pi D^2}{4} \tag{3-27}$$

由于液体的黏性及传动系统存在摩擦等阻力，液位变化只有达到一定值时浮子才能动作。按式(3-27)，若 ΔF 等于系统的摩擦力，则式(3-27)给出了液位计的不灵敏区，此时的 ΔF 为浮子开始移动时的浮力。选择合适的浮子直径及减少摩擦阻力，可以改善液位计的灵敏度。

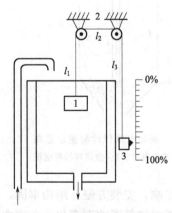

图 3-24 浮子重锤液位计原理示意图
1—浮子；2—滑轮；3—平衡重锤

3.5.2.3 电容式物位计

电容式物位计的工作原理是圆筒形电容器的电容值随物位而变化。这种物位计的检测元件是两个同轴圆筒电极组成的电容器，见图 3-25（a），其电容量为：

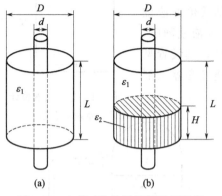

$$C_0 = \frac{2\pi\varepsilon_1 L}{\ln(D/d)} \qquad (3\text{-}28)$$

L 或 ε_1 的变化均可引起电容量的变化，从而构成电容式物位计。

当圆筒形电极的一部分被物料浸没时，极板间存在的两种介质的介电常数将引起电容量的变化。设原有中间介质的介电常数为 ε_1，被测物料的介电常数为 ε_2，电极被浸没深度为 H，如图 3-25(b) 所示，则电容变化为：

图 3-25　电容式物位计的测量原理图

$$C = \frac{2\pi\varepsilon_2 H}{\ln(D/d)} + \frac{2\pi\varepsilon_1(L-H)}{\ln(D/d)} \qquad (3\text{-}29)$$

则电容量的变化 ΔC 为：

$$\Delta C = C - C_0 = \frac{2\pi(\varepsilon_2-\varepsilon_1)}{\ln(D/d)}H = KH \qquad (3\text{-}30)$$

测量电容变化量即可得知物位。

电容式物位计可以测量液位、料位和界位，主要由测量电极和测量电路组成。根据被测介质情况，电容测量电极的型式可以有多种。当测量不导电介质的液位时，可用同心套筒电极，如图 3-26 所示。当测量料位时，由于固体间磨损较大，容易"滞留"，所以一般不用双电极式电极。可以在容器中心设内电极而金属容器壁作为外电极，构成同心电容器来测量非导电固体料位，如图 3-27 所示。

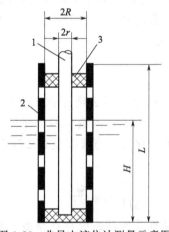

图 3-26　非导电液位计测量示意图
1—内电极；2—外电极；3—绝缘套

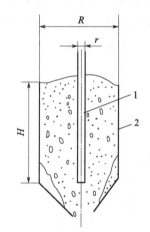

图 3-27　非导电液位计测量示意图
1—金属棒内电极；2—金属容器外电极

电容式物位计一般不受真空、压力、温度等环境条件的影响，安装方便，结构牢固，易维修，价格较低。但是不适合于以下情况：介质的介电常数随温度等影响而变化、介质在电极上有沉积或附着、介质中有气泡产生等。

第4章

基础实验

实验 4.1 流体流动阻力测定实验

一、实验目的

1. 学习直管摩擦阻力引起的压降 Δp_f、直管摩擦系数 λ 的测定方法。
2. 掌握直管摩擦系数 λ 与雷诺数 Re 和相对粗糙度之间的关系及其变化规律。
3. 掌握局部摩擦阻力引起的压降 $\Delta p'_f$、局部阻力系数 ζ 的测定方法。
4. 学习压差的几种测量方法和提高其测量精确度的一些技巧。

二、实验内容

1. 测定流体以不同流速流经一定长度直管和阀门的压降。
2. 计算一定 ϵ/d 下直管摩擦系数 λ 与相应的流动雷诺数 Re 的关系。
3. 测定流体经过阀门的局部阻力系数 ζ。
4. 在双对数坐标上绘制直管沿程阻力系数 λ 与雷诺数的关系曲线。
5. 定性和定量比较实测的 λ-Re、ζ-Re 关系式与化工原理教材及参考书中给定的公式之间的复合性。

三、实验原理

1. 直管阻力与局部阻力的测定

流体阻力产生的根源是流体具有黏性，流动时存在内摩擦。而壁面的形状则促使流动的流体内部发生相对运动，为流动阻力的产生提供了条件，流动阻力的大小与流体本身的物理性质、流动状况及壁面的形状等因素有关。流动阻力可分为直管阻力和局部阻力。

流体在流动过程中要消耗能量以克服流动阻力。因此，流动阻力的测定颇为重要。水从贮槽由泵输出，经流量计计量后，再流经管道后回到水槽，循环利用。改变流量并测定直管与管件的相应压差，即可测得流体流动阻力。

2. 直管摩擦系数 λ 与雷诺数 Re 的测定

流体在管道内流动时，由于流体的黏性作用和涡流的影响会产生阻力。流体在直管内流动阻力的大小与管长、管径、流体流速和管道摩擦系数有关，它们之间存在如下关系：

$$h_f = \frac{\Delta p_f}{\rho} = \lambda \frac{l}{d} \times \frac{u^2}{2} \tag{4-1}$$

$$\lambda = \frac{2d}{\rho l} \times \frac{\Delta p_f}{u^2} \tag{4-2}$$

$$Re = \frac{du\rho}{\mu} \tag{4-3}$$

式中　d——管径，m；

　　Δp_f——直管阻力引起的压降，Pa；

　　l——管长，m；

　　ρ——流体的密度，kg/m^3；

　　u——流速，m/s；

　　μ——流体的黏度，$N \cdot s/m^2$。

直管摩擦系数 λ 与雷诺数 Re 之间有一定的关系，这个关系一般用曲线来表示。在实验装置中，直管段管长 l 和管径 d 都已固定，若水温一定，则水的密度 ρ 和黏度 μ 也是定值。所以本实验实质上是测定直管段流体阻力引起的压降 Δp_f 与流速 u（流量 V）之间的关系。

根据实验数据和式(4-2)可计算出不同流速下的直管摩擦系数 λ，用式(4-3)计算对应的 Re，从而整理出直管摩擦系数和雷诺数的关系，绘出 λ 与 Re 的关系曲线。

3. 局部阻力系数 ζ 的测定

$$h_f' = \frac{\Delta p_f'}{\rho} = \zeta \frac{u^2}{2} \tag{4-4}$$

$$\zeta = \left(\frac{2}{\rho}\right) \frac{\Delta p_f'}{u^2} \tag{4-5}$$

式中　ζ——局部阻力系数，无量纲；

　　$\Delta p_f'$——局部阻力引起的压降，Pa；

　　h_f'——局部阻力引起的能量损失，J/kg。

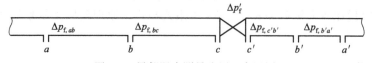

图 4-1　局部阻力测量取压口布置图

局部阻力引起的压降 $\Delta p_f'$ 可用下面的方法测量：在一条各处直径相等的直管段上，安装待测局部阻力的阀门，在其上、下游开两对测压口 a-a' 和 b-b'（见图 4-1），使 $ab = bc$，$a'b' = b'c'$，则

$$\Delta p_{f,ab} = \Delta p_{f,bc} \qquad \Delta p_{f,a'b'} = \Delta p_{f,b'c'}$$

在 a-a' 之间列伯努利方程式：

$$p_a - p_{a'} = 2\Delta p_{f,ab} + 2\Delta p_{f,a'b'} + \Delta p_f' \tag{4-6}$$

在 b-b' 之间列伯努利方程式：

$$p_b - p_{b'} = \Delta p_{f,bc} + \Delta p_{f,b'c'} + \Delta p_f'$$

$$= \Delta p_{f,ab} + \Delta p_{f,a'b'} + \Delta p_f' \tag{4-7}$$

联立式(4-6)和式(4-7)，则：$\Delta p_f' = 2(p_b - p_{b'}) - (p_a - p_{a'})$

为了便于区分，称（$p_b - p_{b'}$）为近点压差，（$p_a - p_{a'}$）为远点压差。其数值通过差压传感器来测量。

四、实验装置与流程

单相流体流动
阻力测定实验

（一）实验设备1

实验设备1参见图4-2。

（二）实验设备2（图4-3）

实验设备2参见图4-3。

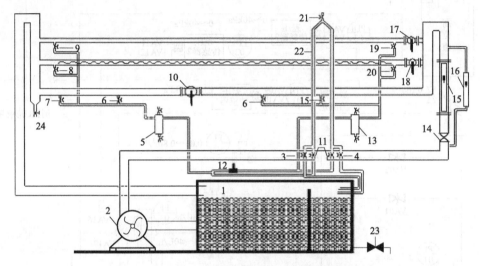

图 4-2 单相流体流动阻力测定实验装置流程示意图

1—水箱；2—离心泵；3，4—放水阀；5，13—缓冲罐；6—局部阻力近端测压阀；7，15—局部阻力远端测压阀；
8，20—粗糙管测压阀；9，19—光滑管测压阀；10—局部阻力管阀；11—倒置U形管进出水阀；12—差压变送器；
14—大流量调节阀；15，16—水转子流量计；17—光滑管阀；18—粗糙管阀；21—倒置U形管放空阀；
22—倒置U形管；23—水箱放水阀；24—放水阀

五、实验步骤

（一）实验设备1

1. 实验准备

① 向储水槽内注水至约水槽3/4水位（最好使用蒸馏水，以保持流体清洁）。

② 大流量状态下的压差测量系统，应先接电预热10~15min，方可启动泵做实验。

2. 光滑管阻力测定

① 关闭粗糙管路阀门，将光滑管路阀门全开，在流量为零条件下，打开通向倒置U形管的进水阀，检查导压管内是否有气泡存在。若倒置U形管内液柱高度差不为零，则表明导压管内存在气泡，需要进行赶气泡操作。导压系统如图4-4所示。操作方法如下：

加大流量，打开倒置U形管进出水阀11，使倒置U形管内液体充分流动，以赶出管路内的气泡。若观察气泡已赶净，将流量调节阀关闭，倒置U形管进出水阀11关闭，慢慢旋开倒置U形管上部的放空阀21后，分别缓慢打开排水阀3、4，使液柱降至中点上下时马上

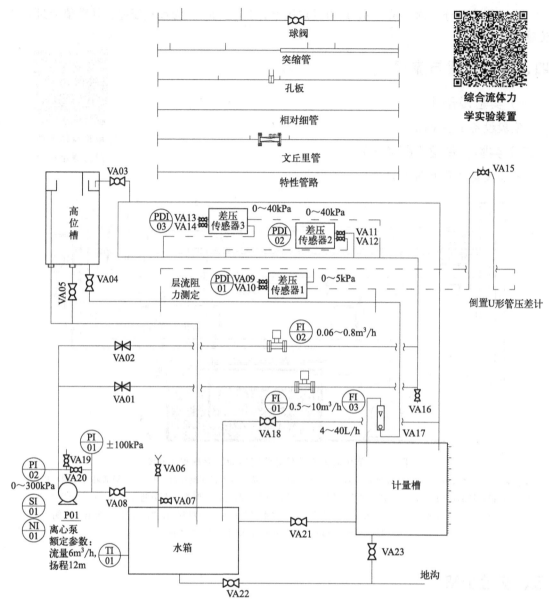

图 4-3 综合流体力学实验流程图

VA01—流量调节阀；VA02—流量调节阀；VA03—高位槽上水阀；VA04—层流管开关阀；VA05—高位槽放净阀；
VA06—灌泵阀；VA07—泵入口排水阀；VA08—泵入口阀；VA09，VA10—差压传感器 1 排气阀；VA11，VA12—
差压传感器 2 排气阀；VA13，VA14—差压传感器 3 排气阀；VA15—倒置 U 形管压差计排气阀；VA16—管路放净阀；
VA17—层流管流量调节阀；VA18—管路排水阀；VA19，VA20—离心泵进出口压力测量管排气阀；VA21—计
量槽排水阀；VA22—水箱放净阀；VA23—计量槽放净阀；TI01—循环水温度；FI01—湍流流量测量（0.5～
10m³/h）；FI02—过渡流流量测量（0.06～0.8m³/h）；FI03—层流流量测量（转子流量计，4～40L/h）；
PDI01—差压测量 1；PDI02—差压测量 2；PDI03—差压测量 3；PI01—泵入口压力；PI02—泵出口压力

关闭，管内形成气-水柱，此时管内液柱高度差不一定为零。然后关闭 U 形管放空阀 21，打
开倒置 U 形管进出水阀 11，此时倒置 U 形管两液柱的高度差应为零（1～2mm 的高度差可
以忽略），如不为零则表明管路中仍有气泡存在，需要重复进行赶气泡操作。

② 该装置两个转子流量计并联连接，根据流量大小选择不同量程的流量计测量流量。

③ 差压变送器与倒置 U 形管亦是并联连接，用于测量压差，小流量时用 U 形管压差计测量，大流量时用差压变送器测量。应在最大流量和最小流量之间进行实验操作，一般测取 15~20 组数据。

注：在测大流量的压差时应关闭倒置 U 形管的进出水阀 11，防止水利用倒置 U 形管形成回路影响实验数据。

3. 粗糙管阻力测定

关闭光滑管阀，将粗糙管阀全开，从小流量到最大流量，测取 15~20 组数据。

4. 局部阻力（球阀）测定

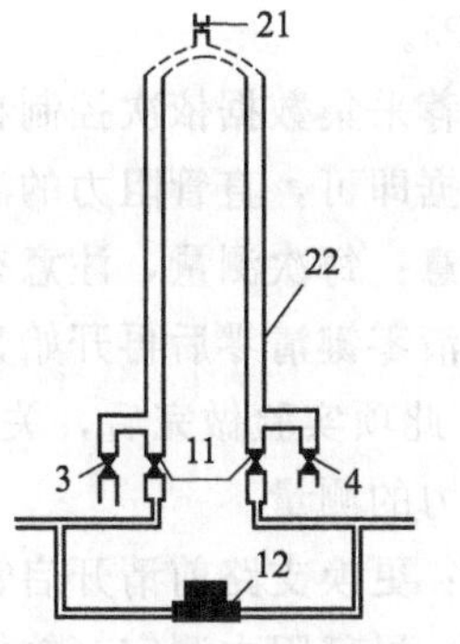

图 4-4 导压系统示意图
3，4—排水阀；11—倒置 U 形管进出水阀；
12—差压变送器；21—倒置 U 形管放空阀；
22—倒置 U 形管

关闭光滑管和粗糙管直管段进口阀门，关闭局部阻力直管段（变径）进口阀门，全开或半开局部阻力直管段（球阀或闸阀）阀门，用差压变送器测量远端、近端压差，并得出局部阻力系数。

5. 实验结束

测取水箱水温。待数据测量完毕，关闭流量调节阀，停泵。

（二）实验设备 2

1. 实验准备

① 熟悉流程及各测量仪表的作用。

② 检查各阀是否关闭。

③ 根据实验内容选择对应的管路模块，通过活连接接入管路系统，使用软管正确接入对应的差压传感器。

注意：①无论完成什么实验内容两个支路上必须保证有模块连接。②层流管路使用差压传感器 1，球阀局部阻力及突缩局部阻力使用差压传感器 2 和 3，其余管路的测量均使用差压传感器 2。

2. 灌泵

泵的位置高于水面，为防止泵启动发生气缚，应先把泵灌满水。打开离心泵入口阀 VA08、排气阀 VA19，打开灌泵阀 VA06，向泵内加水，当出口管有液面出现时，关闭排气阀 VA19、灌泵阀 VA06，等待启动离心泵。

3. 开车

依次打开主机电源、控制电源、电脑，启动软件，点击开始实验，启动离心泵，当泵差压读数明显增加（一般大于 0.15MPa），说明泵已经正常启动，未发生气缚现象，否则需重新灌泵操作（注意泵的正反转）。

4. 测量（排尽系统内空气是保障本实验正确进行的关键）

（1）直管阻力测定（软件上单击与接入管路对应实验）

① 将相对细管装入管路，连接差压传感器 2。

② 排气。先打开 VA18，再全开 VA01，然后打开差压传感器上的排气阀 VA11、VA12，约 1min，观察引压管内无气泡后，先关闭差压传感器上的排气阀 VA11、VA12，再关闭 VA01。

③ 逐渐开启流量调节阀 VA01，根据涡轮流量计示数进行调节，同时注意压差不能超

过 40kPa。

推荐采集数据依次控制在 Q 为 $0.5\sim5.5m^3/h$（若无法达到 $5.5m^3/h$，在 VA01 全开时记录数据即可，直管阻力的测量可以做到最大流量，实验点分布要尽量均匀）。

注意：每次测量，注意查看差压传感器示数在流量为零时差压显示是否为零。若不为零，点清零键清零后再开始数据记录。

④ 此项实验做完后，关闭 VA01 和离心泵，更换待测管路，按上述步骤依次进行其他直管阻力的测量。

注：更换支路前请开启管路放净阀 VA16，放净管路内液体。

（2）局部阻力测定（软件上单击与接入管路对应实验）

① 将球阀支路装入管路，中间测压点接差压传感器 2，两边测压点接差压传感器 3。

② 排气。先全开 VA01，然后打开差压传感器上的排气阀 VA11、VA12、VA13、VA14，约 1min，观察引压管内无气泡后，先关闭差压传感器上的排气阀 VA11、VA12、VA13、VA14，再关闭 VA01。

③ 启动离心泵，逐渐开启流量调节阀 VA01，根据以下流量计示数进行调节。

推荐采集数据依次控制在 Q 为 $0.8m^3/h$、$1.2m^3/h$、$1.5m^3/h$、$2.0m^3/h$、$2.5m^3/h$ 以及最大。

④ 此管做完后，关闭 VA01 和离心泵，更换球阀管为突缩管，按上述步骤依次进行局部阻力的测量。

突缩管实验推荐采集数据依次控制在 Q 为 $0.8m^3/h$、$1.2m^3/h$、$1.5m^3/h$、$2.0m^3/h$、$2.5m^3/h$ 以及最大。

（3）层流管路的测量（软件上单击与接入管路对应实验）

① 首先启动离心泵，打开阀门 VA03，确认高位槽注满水后，微开阀门 VA03 维持高位槽稳定溢流。

② 开启层流管开关阀 VA04、倒置 U 形管压差计排气阀 VA15，待倒置 U 形管压差计装满水后，开启层流管流量调节阀 VA17，差压传感器 1 排气阀 VA09、VA10，观察各排气管，待气泡排净后，依次关闭 VA09、VA10、VA17 阀门（此时倒置 U 形管压差计应装满水）。

③ 开启层流管流量调节阀 VA17，微开阀门 VA15，待倒置 U 形管压差计水位下降一定高度后，依次关闭阀门 VA17、VA15。此时倒置 U 形管两液柱的高度差应为零，如不为零则表明管路中仍有气泡存在，需要重复进行赶气泡操作。点击软件上"层流阻力实验"，单击"开始实验"，观察 PDI01 是否为零，等待 30s，如 PDI01 不为零，可点清零键。开启阀门 VA04，逐渐调节阀门 VA17 开始层流管路测量。层流管路的测量采用差压传感器 1，在力控软件上读取 PDI01 数据，流量由转子流量计直接读数，然后手动输入力控表格，即可自动参与计算。注意在输入数据时进行单位换算，力控数据计算以 m^3/h 为单位。

5. 停车

待实验结束，记录数据，关闭离心泵，点击"结束实验"，关闭流量计阀门 VA17、高位槽上水阀门 VA03。

六、注意事项

1. 开机通电前请注意接地，防止漏电。
2. 每次启动离心泵之前先检测水箱是否有水，严禁泵内无水空转！在启动离心泵前，应关闭流量调节阀，以减小启动电流，保护电机。

3. 开关阀门时，一定要缓慢，切忌用力过猛过大。

4. 利用差压传感器测量大流量下 Δp 时，应关闭倒置 U 形管压差计的阀门，否则将影响测量数值的准确性。

5. 在实验过程中，每调节一个流量之后应待流量和直管压降的数据稳定以后方可记录数据。

七、实验记录及数据处理

1. 将实验结果整理到表格中，并以任一组数据为例，写明整个计算过程和结果。

2. 根据计算结果，在双对数坐标纸上绘制 λ-Re 关系曲线。

3. 根据所标绘的 λ-Re 曲线，求本实验条件下层流区的 λ-Re 关系式，并与理论公式比较。

4. 画出 ζ-Re 的关系曲线，算出 ζ 的平均值。

5. 计算伯努利实验中各点的机械能及相关能量转换关系。

6. 对实验数据进行必要的误差分析，评价一下数据和结果的误差，并分析原因。

八、思考题

1. 在测量前为什么要将实验装置中的空气排净？应该如何操作？

2. 如何检验实验装置中的空气已经排净？怎么赶气？

3. 实验装置中为什么同时使用差压传感器和倒置 U 形管压差计？何时用倒置 U 形管压差计？何时用差压传感器？

4. 装置中测试直管段的管子，如果由水平改为垂直放置，差压读数是否改变？为什么？

5. 为什么用双对数坐标纸绘 λ-Re 曲线？

6. 该实验以水为介质作出的 λ-Re 关系曲线，其他流体能否使用？为什么？

7. 实验时实验数据在双对数坐标纸上如何分布才能均匀？流量如何分布？

实验 4.2 离心泵的操作和性能测定实验

一、实验目的

1. 了解离心泵的结构与特性，学会离心泵的操作方法。

2. 掌握离心泵主要参数的测定方法，测量一定转速下的离心泵特性曲线。

3. 了解并熟悉离心泵的工作原理。

二、实验内容

测定某型号离心泵在一定转速下，H（扬程）、N（轴功率）、η（效率）与 Q（流量）之间的关系。

三、实验原理

离心泵是最常见的液体输送设备。在选用离心泵时，既要满足一定的工艺要求的流量、压头，还要有较高的工作效率。在一定的型号和转速下，离心泵的扬程 H、轴功率 N 及效率 η 均随流量 Q 而改变。通常通过实验测出 H-Q、N-Q 及 η-Q 关系，并用曲线表示，称为特性曲线。特性曲线是确定泵的适宜操作条件和选用泵的重要依据。根据 $H\text{-}Q$ 曲线可以预测在一定的管路系统中，这台离心泵的实际输送液体能力有多大，能否满足要求；根据 $N\text{-}Q$ 曲线，可以预测离心泵在某一输送能力下运行时，驱动它需要消耗多少能量，可以配置一台大小合适的动力设备；根据 $\eta\text{-}Q$ 曲线，可以预测离心泵在某一送液能力下运行时效率的高低。

各种泵的特性曲线均已列在泵的样本中，供选泵时参考。本实验的目的之一就是要了解和掌握这些曲线的测定方法。

泵特性曲线的具体测定方法如下。

（1）H 的测定

在泵的吸入口和排出口之间列伯努利方程：

$$Z_入+\frac{p_入}{\rho g}+\frac{u_入^2}{2g}+H=Z_出+\frac{p_出}{\rho g}+\frac{u_出^2}{2g}+H_{f,入\text{-}出} \tag{4-8}$$

$$H=(Z_出-Z_入)+\frac{p_出-p_入}{\rho g}+\frac{u_出^2-u_入^2}{2g}+H_{f,入\text{-}出} \tag{4-9}$$

式中，$H_{f,入\text{-}出}$ 是泵的吸入口和出口之间管路内的流体流动阻力，与伯努利方程中其他项比较，$H_{f,入\text{-}出}$ 值很小，故可忽略。于是上式变为：

$$H=(Z_出-Z_入)+\frac{p_出-p_入}{\rho g}+\frac{u_出^2-u_入^2}{2g} \tag{4-10}$$

将测得的 $(Z_出-Z_入)$ 和 $(p_出-p_入)$ 值以及计算所得的 $u_入$、$u_出$ 代入上式，即可求得 H。

（2）N 的测定

功率表测得的功率为电动机的输入功率。由于泵由电动机直接带动，传动效率可视为 1，所以电动机的输出功率等于泵的轴功率。即：

泵的轴功率 $N(\text{kW})$＝电动机的输出功率

电动机输出功率＝电动机输入功率×电动机效率

泵的轴功率 (kW)＝功率表读数×电动机效率

（3）η 的测定

$$\eta=\frac{N_e}{N}\times100\% \tag{4-11}$$

$$N_e=\frac{HQ\rho g}{1000}=\frac{HQ\rho}{102} \tag{4-12}$$

式中　η——泵的效率；

　　N——泵的轴功率，kW；

　　N_e——泵的有效功率，kW；

　　H——泵的扬程，m；

　　Q——泵的流量，m^3/s；

　　ρ——水的密度，kg/m^3。

四、实验装置与流程

（一）实验设备 1

本实验装置如图 4-5 所示，由循环水槽、被测试离心泵、进出口管路、涡轮流量计、控制阀门及真空表和压力表组成一个循环回路。

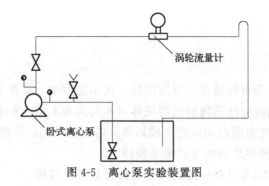

图 4-5 离心泵实验装置图

离心泵的操作和性能
测定实验（实验设备 2）

（二）实验设备 2

综合流体实验流程如图 4-6 所示。

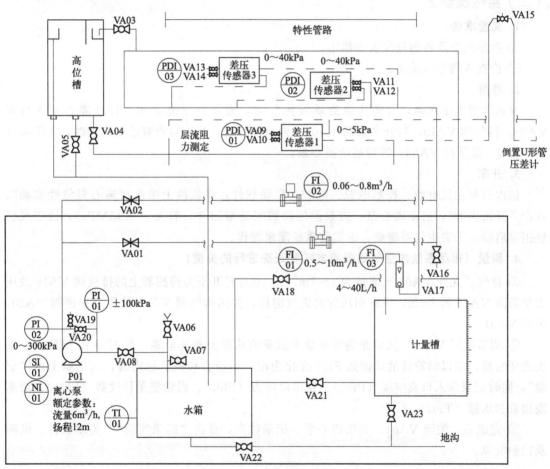

图 4-6 综合流体实验流程图

VA01—流量调节阀；VA02—流量调节阀；VA03—高位槽上水阀；VA04—层流管开关阀；VA05—高位槽放净阀；VA06—灌泵阀；VA07—泵入口排水阀；VA08—泵入口阀；VA09，VA10—差压传感器 1 排气阀；VA11，VA12—差压传感器 2 排气阀；VA13，VA14—差压传感器 3 排气阀；VA15—倒置 U 形管压差计排气阀；VA16—管路放净阀；VA17—层流管流量调节阀；VA18—管路排水阀；VA19，VA20—离心泵进出口压力测量排气阀；VA21—计量槽排水阀；VA22—水箱放净阀；VA23—计量槽放净阀；TI01—循环水温度；FI01—湍流流量测量（0.5～10m³/h）；FI02—过渡流量测量（0.06～0.8m³/h）；FI03—层流流量测量（转子流量计，4～40L/h）；PDI01—差压测量 1；PDI02—差压测量 2；PDI03—差压测量 3；PI01—泵入口压力；PI02—泵出口压力

五、实验步骤

（一）实验设备 1

① 检查水槽内的水是否保持在一定的液位，水不能太少，应在水箱 2/3 的位置。

② 泵启动前，泵壳内应注满被输送的液体（本实验为水，上有带漏斗的灌泵阀），并且泵的出口阀需关闭，避免泵刚启动时的空载运转。若出现泵无法输送液体，则说明泵未灌满或者其内有空气，气体排尽后必然可以输送液体。

③ 泵启动后，待泵的出口有一定的压力后再开启泵出口阀。

④ 稳定后将泵在一定转速下的压力、流量、功率等填到原始记录表格中。

⑤ 需定期清洗水箱，以免污垢过多。

（二）实验设备 2

1. 实验准备

① 熟悉流程及各测量仪表的作用。

② 检查各阀是否关闭。

2. 灌泵

泵的位置高于水面，为防止泵启动发生气缚，应先把泵灌满水。打开离心泵入口阀 VA08、排气阀 VA19，打开灌泵阀 VA06，向泵内加水，当出口管有液面出现时，关闭排气阀 VA19、灌泵阀 VA06，等待启动离心泵。

3. 开车

依次打开主机电源、控制电源、电脑，启动软件，在软件上单击"离心泵特性实验"，点击"开始实验"，启动离心泵，当泵差压读数明显增加（一般大于 0.15MPa），说明泵已经正常启动，未发生气缚现象，否则需重新灌泵操作。

4. 测量（排尽系统内空气是保障本实验正确进行的关键）

① 排气。先开 VA01 至流量为 4～7m³/h，然后打开压力传感器上的排气阀 VA19 及压力平衡阀 VA20 约 1min，观察引压管内无气泡后，关闭排气阀 VA19 及压力平衡阀 VA20，关闭 VA01。

② 调节阀门 VA01，从流量为零至最大流量或从最大流量至零，取 10～12 组数据。每次改变流量，应以涡轮流量计读数 FI01 变化为准，当压力和流量稳定时，在电脑上点"记录"，同时记录泵入口真空度（PI01）、泵出口压力（PI02）、涡轮流量计读数（FI01）、功率表读数和水温（TI01）。

③ 完成后，关闭 VA01，关闭离心泵。记录数据，点击"结果实验"，关闭软件、电脑及控制电源。

六、注意事项

1. 启动离心泵前，必须检查泵体内是否充满水。开泵时必须关闭泵出口阀。

2. 注意每次调节流量稳定后方能读取各参数，特别注意不要忘记测量流量为零时的有关参数。

3. 停泵前注意先关闭出口阀。

4. 测取数据时，应将回流阀全开（实验设备 1）。

5. 使用变频调速器时一定注意 FWD 指示灯亮，切忌按 $\boxed{\text{FWD REV}}$ 键，REV 指示灯亮，电机反转（实验设备 1）。

七、实验记录及数据处理

1. 写出所测定离心泵类型和规格、设备编号及泵性能有关的参数。
2. 根据数据记录表格的内容进行相应计算，并以任一组数据为例，写明整个计算过程和结果。
3. 给出离心泵特性实验结果（表格），并在同一张坐标纸上标绘出一定转速下的 $H\text{-}Q$、$N\text{-}Q$、$\eta\text{-}Q$ 曲线图，注明实验条件，指出适宜的范围和最适宜的操作区间。

八、思考题

1. 正常工作的离心泵，进口管上设阀门是否合理？为什么？
2. 从理论上分析，用离心泵输送密度为 1200kg/m^3 的盐水与密度为 800kg/m^3 的有机溶剂，忽略黏度的影响，扬程、泵出口压力以及功率是否改变？
3. 离心泵入口较水源液面高时，启动离心泵前为什么要将水灌满泵？如果灌泵后依然启动不起来，你认为可能的原因是什么？
4. 为什么离心泵启动时要关闭出口阀和功率表开关？
5. 什么情况下离心泵会出现气缚现象？
6. 调节离心泵流量的方法主要有哪几种？各有什么优缺点？
7. 管路的特性曲线与离心泵的特性曲线有关吗？它取决于哪些因素？改变管路特性曲线的方法有哪些？改变离心泵特性曲线的方法有哪些？
8. 由实验知泵送水量越大，泵进口处的真空度也越大，这是为什么？

实验 4.3　恒压过滤常数的测定实验

一、实验目的

1. 掌握恒压过滤常数 K、q_e、θ_e 的测定方法。
2. 学习滤饼的压缩性指数 s 和物料特性常数 k 的测定方法。
3. 加深对 K、q_e、θ_e 的概念和影响因素的理解。
4. 学习 $\mathrm{d}\theta/\mathrm{d}q\text{-}q$ 关系的实验确定方法。

二、实验内容

1. 在一定的压差下进行恒压过滤，测定其过滤常数 K、q_e、θ_e。
2. 改变压差重复上述实验，测定压缩性指数 s 和物料特性常数 k。
3. 讨论 K 随其影响因素的变化趋势，以提高过滤速度为目标，确定适宜的操作条件。

三、实验原理

过滤是利用过滤介质进行液-固系统分离的过程，过滤介质通常采用带有许多毛细孔的物质，如帆布、毛毯、多孔陶瓷等。含有固体颗粒的悬浮液在一定压力作用下，液体通过过滤介质，固体颗粒被截留，从而使液固两相分离。

在过滤过程中，固体颗粒不断地被截留在介质表面上，滤饼厚度逐渐增加，使得液体流过固体颗粒之间的孔道加长，增加了流体流动阻力，故恒压过滤时，过滤速率是逐渐下降的。随着过滤的进行，若想得到相同的滤液量，则要增加过滤时间。

恒压过滤方程为

$$(q+q_e)^2 = K(\theta+\theta_e) \tag{4-13}$$

式中 q——单位过滤面积获得的滤液体积，m^3/m^2；

q_e——单位过滤面积上的虚拟滤液体积，m^3/m^2；

θ——实际过滤时间，s；

θ_e——虚拟过滤时间，s；

K——恒压过滤常数，m^2/s。

将式（4-13）进行微分可得：

$$\frac{d\theta}{dq} = \frac{2}{K}q + \frac{2}{K}q_e \tag{4-14}$$

这是一个直线方程式，于普通坐标上标绘 $d\theta/dq$-q 的关系，可得一条直线。其斜率为 $\frac{2}{K}$，截距为 $\frac{2}{K}q_e$，从而求出 K、q_e。θ_e 可由下式求出：

$$q_e^2 = K\theta_e \tag{4-15}$$

注：当各数据点的时间间隔不大时，$d\theta/dq$ 可用增量之比 $\Delta\theta/\Delta q$ 来代替。

过滤常数的定义式：

$$K = 2k\Delta p^{1-s} \tag{4-16}$$

两边取对数

$$\lg K = (1-s)\lg\Delta p + \lg(2k) \tag{4-17}$$

因 $k=\frac{1}{\mu r'\nu}=$常数，故 K 与 Δp 的关系在对数坐标上标绘时应是一条直线，直线的斜率为 $1-s$，由此可得滤饼的压缩性指数 s，然后代入式（4-16）求物料特性常数 k。

四、实验装置与流程

（一）真空吸滤实验装置与流程

真空吸滤实验装置如图 4-7 所示，主要由真空泵、滤浆槽、真空吸滤器、真空压力表、滤液计量桶等组成。滤浆槽内放有已经配制好的具有一定浓度的碳酸钙悬浮液。用电动搅拌器进行搅拌使料液浓度均匀（但不要出现旋涡），利用真空泵使系统产生真空进行吸滤，并在真空吸滤器上形成滤饼。滤液通过管路送入滤液计量筒内计量。过滤完毕，将滤液、滤饼重新返回滤浆槽，保证料液浓度保持不变。进入滤液计量筒的滤液管口应贴桶壁，否则液面波动影响读数。

恒压过滤常数测定实验
（真空吸滤实验装置）

（二）板框式过滤实验装置与流程

1. 实验设备 1

实验设备 1 装置流程图如图 4-8 所示。配浆槽内放有已配制好具

恒压过滤实验装置
（实验设备 1）

有一定浓度的碳酸镁水悬浮液，用电动搅拌器使滤浆浓度均匀，用真空泵使系统产生真空，作为过滤推动力。滤液在计量瓶内计量。

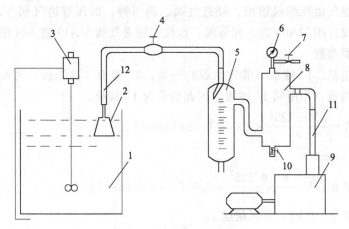

图 4-7　真空吸滤实验装置

1—滤浆槽；2—吸滤漏斗；3—电动搅拌器；4—真空旋塞；5—滤液计量筒；6—真空压力表；7—针形放空阀；
8—缓冲罐；9—真空泵；10—放液阀；11，12—真空胶皮管

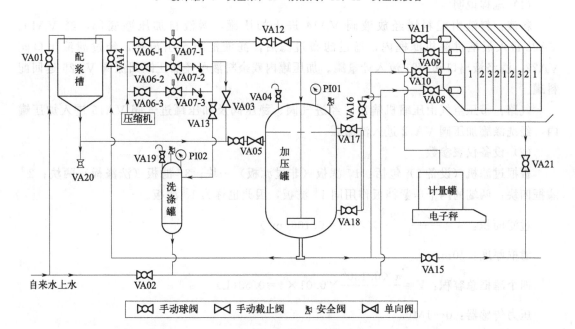

图 4-8　实验设备 1 流程图

VA01—配浆槽上水阀；VA02—洗涤罐加水阀；VA03—气动搅拌阀；VA04—加压罐放空阀；VA05—加压罐进料阀；
VA06-1—0.1MPa进气阀；VA06-2—0.15MPa进气阀；VA06-3—0.2MPa进气阀；VA07-1—0.1MPa稳压阀；
VA07-2—0.15MPa稳压阀；VA07-3—0.2MPa稳压阀；VA08—洗涤水进口阀；VA09—滤液出口阀；VA10—滤浆
进口阀；VA11—洗涤水出口阀；VA12—加压罐进气阀；VA13—洗涤罐进气阀；VA14—加压罐残液回流阀；
VA15—放净阀；VA16—液位计洗水阀；VA17—液位计上口阀；VA18—液位计下口阀；VA19—洗涤罐
放空阀；VA20—配浆槽放料阀；VA21—板框排污阀；PI01—加压罐压力；PI02—洗涤罐压力

(1) 流程说明

料液：料液由配浆槽经加压罐进料阀 VA05 进入加压罐，自加压罐部，经料液进口阀

VA10 进入板框过滤机滤框内，通过滤布过滤后，滤液汇集至引流板，经滤液出口阀 VA09 流入计量槽；加压罐内残余料液可经加压罐残液回流阀 VA14 返回配浆槽。

气路：带压空气由压缩机输出，经进气阀、稳压阀、加压罐进气阀 VA12 进入加压罐内；或者经气动搅拌阀 VA03 进入配浆槽，经洗涤罐进气阀 VA13 进入洗涤罐。

（2）设备主要参数

板框过滤机包括：$1^\#$ 滤板（非过滤板）一块；$3^\#$ 滤板（洗涤板）两块；$2^\#$ 滤框四块；两端的两个压紧挡板，作用同 $1^\#$ 滤板，因此也称为 $1^\#$ 滤板。

过滤面积：$A = \dfrac{\pi \times 0.125^2}{4} \times 2 \times 4 = 0.09818(\text{m}^2)$

滤框厚度：12mm

四个滤框总容积：$V = \dfrac{\pi \times 0.125^2}{4} \times 0.012 \times 4 = 0.589(\text{L})$

电子秤：量程 0～15kg，显示精度 1g

压力表：0～0.25MPa

2. 实验设备 2（图 4-9）

（1）流程说明

料液：料液由配料罐经放液阀 VA14 进入加压罐，料液自加压罐底部，经 VA19、VA23 进入板框过滤机滤框内，通过滤布过滤后，滤液汇集至引流板，经过滤液出口阀 VA22、洗涤液出口阀 V21 流入计量罐。加压罐内残余料液可经加压罐回流阀 VA25 返回配料罐。

气路：带压空气由压缩机输出，经进气阀、稳压阀及加压罐进气阀 VA15 进入加压罐内，经洗涤罐加压阀 VA12 进入洗涤罐。

（2）设备仪表参数

板框过滤机（设备 2）包括：$1^\#$ 滤板（非过滤板）一块；$3^\#$ 滤板（洗涤板）两块；$2^\#$ 滤框四块；两端的两个压紧挡板作用同 $1^\#$ 滤板，因此也称为 $1^\#$ 滤板。

过滤面积：$A = \dfrac{\pi \times 0.130^2}{4} \times 2 \times 4 = 0.106(\text{m}^2)$

滤框厚度：10mm

四个滤框总容积：$V = \dfrac{\pi \times 0.130^2}{4} \times 0.01 \times 4 = 0.53(\text{L})$

压力传感器：0～1MPa

五、实验步骤

（一）真空吸滤操作

① 系统接上电源，启动电动搅拌器，将滤浆槽内浆液搅拌均匀，将吸滤漏斗按流程图所示安装好，固定于浆液槽内。

② 打开针形放空阀 7，关闭真空旋塞 4 及放液阀 10。

③ 启动真空泵，用针形放空阀 7 及时调节系统内的真空度，使真空表内的读数稍大于指定值，然后打开真空旋塞 4 进行抽滤。此后应注意观察真空压力表的读数应恒定于指定值，当滤液计量筒滤液达到 100mL 刻度时按表计时，作为恒压过滤时间的零点，记录每增

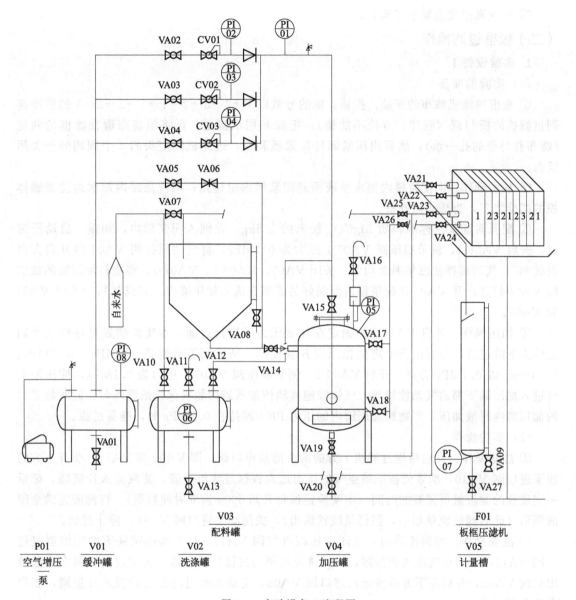

图 4-9　实验设备 2 流程图

VA01—缓冲罐放净阀；VA02—第 1 路压力进气阀；VA03—第 2 路进气阀；VA04—第 3 路压力进气阀；VA05—搅拌进气阀；VA06—搅拌气量调节阀；VA07—配料罐进水阀；VA08—配料罐液位计清洗阀；VA09—计量槽液位计清洗阀；VA10—洗涤罐进水阀；VA11—洗涤罐放空阀；VA12—洗涤罐加压阀；VA13—洗涤罐放净阀；VA14—配料罐放液阀；VA15—加压罐进气阀；VA16—加压罐放空阀；VA17，VA18—加压罐液位清洗阀；VA19—加压罐出料阀；VA20—加压罐放净阀；VA21—洗涤液出口阀；VA22—过滤液出口阀；VA23—料液入口阀；VA24—洗涤液入口阀；VA25—加压罐回流阀；VA26—加压水切换阀；VA27—计量槽放净阀

加 100mL 所用的时间，当滤液计量筒内读数为 800mL 时停止计时，并立即关闭真空旋塞 4。

④ 把放空阀全开，关闭真空泵，打开真空旋塞 4，利用系统内的大气压和液位高度差把吸附在过滤介质上的滤饼压回槽内，放出滤液计量筒内的滤液并倒回槽内，以保证滤浆浓度恒定。

⑤ 改变真空度重复上述实验。

（二）板框过滤操作

1. 实验设备 1

（1）实验前准备

① 板框过滤机滤布的安装。按板、框的号数以 1→2→3→2→1→2→3→2→1 的顺序排列过滤机的板与框（顺序、方位不能错）。把滤布用水湿透，再将湿滤布覆在滤框的两侧（滤布孔与框的孔一致），然后用压紧螺杆压紧板和框，过滤机固定头的 4 个阀均处于关闭状态。

② 加水操作。向配浆槽内加水使液面到配浆槽内定位点；向洗涤罐内加水约洗涤罐体积的四分之三，为洗涤做准备。

③ 配原料滤浆。称取轻质 $MgCO_3$ 粉末约 1.5kg，并倒入配浆槽内，加盖。启动压缩机，开启 VA06-1，调节稳压阀 VA07-1 压力为 0.1MPa，将气动搅拌阀 VA03 向开启方向旋转 90°，气动搅拌使液相混合均匀，关闭 VA03、VA06-1、VA07-1，将物料加压罐的放空阀 VA04 打开，开 VA05 让配浆槽内配制好的滤浆自流入加压罐内，完成放料后关闭 VA04 和 VA05。

④ 加压操作。开启 VA12，先确定在什么压力下进行过滤，本实验装置可进行三个固定压力下的过滤，分别由三个定值稳压阀并联控制，从上到下分别是 0.1MPa、0.15MPa、0.2MPa。以 0.1MPa 为例，开启 VA06-1，调节稳压阀 VA07-1 压力为 0.1MPa，使压缩空气进入加压罐下部的气动搅拌盘，气体鼓泡搅动使加压罐内物料保持浓度均匀，同时将密封的加压罐内料液加压，当物料加压罐内的压力 PI01 维持在 0.1MPa 时，准备过滤。

（2）实验操作

① 过滤操作。开启板框过滤机上方的两个滤液出口阀，即 VA09 和 VA11，全开下方的滤浆进口阀 VA10，滤浆便被压缩空气的压力送入板框过滤机过滤。滤液流入计量罐，记录一定质量的滤液量所需要的时间（本实验建议每升高 500g 读取时间数据）。待滤渣充满全部滤框后（此时滤液流量很小，但仍呈线状流出），关闭滤浆进口阀 VA10，停止过滤。

② 洗涤操作。物料洗涤时，关闭加压罐进气阀 VA12，打开连接洗涤罐的压缩空气进气阀 VA13，压缩空气进入洗涤罐，维持洗涤压强与过滤压强一致。关闭过滤机固定头滤液出口阀 VA09，开启左下方的洗涤水进口阀 VA08，洗涤水经过滤渣层后流入计量罐，测取有关数据。

③ 卸料操作。洗涤完毕后，关闭洗涤水进口阀 VA08，旋开压紧螺杆，卸出滤渣，清洗滤布，整理板框。板框及滤布重新安装后，进行另一个压力操作。

④ 其他压力值过滤。由于加压罐内有足够的同样浓度的料液，按以上步骤，调节过滤压力，依次进行其余两个压力下的过滤操作。

（3）实验结束

① 全部过滤洗涤结束后，关闭洗涤罐进气阀 VA13，打开加压罐进气阀 VA12，盖住配浆槽盖，打开加压罐残液回流阀 VA14，用压缩空气将加压罐内的剩余悬浮液送回配浆槽内贮存，关闭加压罐进气阀 VA12。

② 清洗加压罐及其液位计。打开加压罐放空阀 VA04，使加压罐保持常压。关闭加压罐液位计上口阀 VA17，打开洗涤罐进气阀 VA13，打开液位计洗水阀 VA16，让清水洗涤加压罐液位计，以免剩余悬浮液沉淀，堵塞液位计、管道和阀门等。

③ 关闭洗涤罐进气阀 VA13，停压缩机。

2. 实验设备 2

（1）实验前准备

① 用压紧螺杆压紧板和框，过滤机固定头的 4 个阀均处于关闭状态。

② 加水。打开阀 VA07，向配料罐内加水；在洗涤罐内加水约 3/4，为洗涤做准备，加水时阀 VA12 旋转至放空处。

③ 配原料滤浆。为了配制质量分数为 10% 的轻质 $MgCO_3$ 溶液，按 19L 水约 19kg 计算，应加轻质 $MgCO_3$ 约 2.2kg。将轻质 $MgCO_3$ 固体粉末约 2.2kg 倒入配料罐内。启动搅拌，搅拌使液相混合均匀。将物料加压罐放空阀 VA16 打开，开 VA14 将配料罐内配制好的滤浆放进物料加压罐，并打开加压罐搅拌，完成放料后关闭 VA05、VA16 和 VA14。

④ 物料加压。开启 VA15。先确定在什么压力下进行过滤，本实验装置可进行三个固定压力下的过滤，分别由三个定值调压阀并联控制，从上到下分别是 0.10MPa、0.15MPa、0.2MPa。以 0.10MPa 为例，开启定值调压阀前的 VA02，使压缩空气进入加压罐将加压罐内的料液加压，当物料加压罐内的压力维持在 0.10MPa 时，准备过滤。

（2）实验操作

① 过滤。开启上边的两个出口阀 VA21、VA22，全开下方的阀 VA23、VA19，料液便被压缩空气的压力送入板框过滤机过滤。

② 等 12s 后，点击触摸屏数据记录，滤液流入计量罐，测取一定质量的滤液量所需要的时间。待滤饼充满全部滤框后（此时滤液流量很小，但仍呈线状流出），关闭阀 VA23、VA19，停止过滤。

③ 洗涤。物料洗涤时，关闭阀 VA15，打开连接洗涤罐的阀 VA12，压缩空气进入洗涤罐，维持洗涤压力与过滤压力一致。关闭过滤机固定头右上方的滤液出口阀 VA22，开启阀 VA14，洗涤液经过滤渣层后流入计量罐，测取有关数据。

④ 卸料。洗涤完毕后，关闭阀 VA24，旋开压紧螺杆，卸出滤渣。

⑤ 冲洗板框。旋紧板框，再次打开 VA24、VA21 以及阀 VA12，进行冲洗后进行另一个压力操作。

⑥ 不同压力过滤。由于加压罐内有足够的同样浓度的料液，可调节过滤压力进行过滤操作，测出该压力下的过滤数据，完毕后卸料，再清洗安装，可测第三个压力下的过滤数据。

（3）实验结束

① 全部过滤洗涤结束后，关闭洗涤罐加压阀 VA12，打开加压罐进气阀 VA15，打开加压罐回流阀 VA25，用压缩空气将加压罐内的剩余悬浮液送回料液槽内贮存，关闭加压罐进气阀 VA15。打开加压罐放空阀 VA16 排净加压管内的空气。

② 清洗加压罐及其液位计。打开加压罐放空阀，使加压罐保持常压。关闭加压罐液位清洗阀 VA17，让清水洗涤加压罐液位计，以免剩余悬浮液沉淀、堵塞液位计、管道和阀门等。

③ 停压缩机。

六、注意事项

1. 真空吸滤实验

（1）放置真空吸滤瓶时，一定要把它浸没在滤浆中，并且要垂直放置，防止气体吸入，破坏物料连续进入系统，避免在吸滤漏斗内形成滤饼厚度不均匀的现象。

（2）开关玻璃塞时，不要用力过猛，不许向外拔以免损坏。

（3）开、停真空泵之前，务必先关闭真空旋塞 4。

（4）每次实验后应该把吸滤瓶清洗干净。

（5）每次实验过程中真空表读数应恒定于指定值。

2. 板框过滤实验

（1）实验完成后应将装置清洗干净，防止堵塞管道。

（2）长期不用时，应将槽内水放净。

七、实验记录及数据处理

1. 列出全部过滤操作的原始数据，根据数据记录表格的内容进行相应计算，并以任一组数据为例，写明整个计算过程和结果。

2. 根据计算结果，绘制 $\Delta\theta/\Delta q$-q 关系图和 K-Δp 图。

八、思考题

1. 为什么每次实验结束后都要把滤饼和滤液倒回料浆槽？

2. 影响过滤速度的主要因素有哪些？

3. 真空表的读数是否真正反映实际过滤推动力？为什么？

4. 为什么过滤开始时，滤液常常有点浑浊，而过段时间后才变清？

5. 若操作压力增加一倍，其 K 值是否也增加一倍？若要得到同样多的滤液，其过滤时间是否缩短一半？

6. 如果滤液的黏度较大，你考虑用什么办法提高过滤速率？

实验 4.4　传热实验

一、实验目的

1. 通过对空气-水蒸气简单套管换热器的实验研究，掌握对流传热系数 α_i 的测定方法，加深对其概念和影响因素的理解。

2. 通过对管程内部插有螺旋线圈的空气-水蒸气强化套管换热器的实验研究掌握对流传热系数 α_i 的测定方法，加深对其概念和影响因素的理解。

3. 学会并应用线性回归分析方法，确定关联式 $Nu_0 = ARe^m Pr^{0.4}$ 中常数 A、m 的值，强化管关联式 $Nu = ARe^m Pr^{0.4}$ 中 A 和 m 数值。

4. 根据计算出的 Nu 和 Nu_0 求出强化比 Nu/Nu_0，比较强化传热的效果，加深理解强化传热的基本理论和基本方式。

二、实验内容

1. 测定 5～6 组不同空气流速下简单套管换热器的对流传热系数 α_i，对 α_i 的实验数据进行线性回归，求关联式 $Nu_0 = ARe^m Pr^{0.4}$ 中常数 A、m 的值。

　　2. 测定 5～6 组不同空气流速下强化套管换热器的对流传热系数 α_i，对 α_i 的实验数据进行线性回归，求关联式 $Nu = ARe^m Pr^{0.4}$ 中常数 A、m 的值。

　　3. 通过关联式计算出 Nu、Nu_0，并确定传热强化比 Nu/Nu_0。

三、实验原理

1. 对流传热系数 α_i 的测定

　　对流传热系数 α_i 可以根据牛顿冷却定律，通过实验来测定。因为 $\alpha_i \ll \alpha_o$，所以传热管内的对流传热系数 $\alpha_i \approx K$，$K\,[\mathrm{W/(m^2 \cdot ℃)}]$ 为热冷流体间的总传热系数，且 $K = Q_i / \Delta t_{m_i} S_i$，所以：

$$\alpha_i \approx \frac{Q_i}{\Delta t_{mi} S_i} \tag{4-18}$$

式中　α_i ──管内流体对流传热系数，$\mathrm{W/(m^2 \cdot ℃)}$；

　　　Q_i ──管内热负荷，W；

　　　S_i ──管内换热面积，$\mathrm{m^2}$；

　　Δt_{m_i} ──管内平均温度差，℃。

　　平均温度差由下式确定：

$$\Delta t_{mi} = t_w - t_m \tag{4-19}$$

式中　t_m ──冷流体的入口、出口平均温度，℃；

　　　t_w ──壁面平均温度，℃。

　　因为换热器内管为紫铜管，其热导率很大，且管壁很薄，故认为内壁温度、外壁温度和壁面平均温度近似相等，用 t_w 来表示，由于管外使用蒸汽，所以 t_w 近似等于热流体的平均温度。

　　管内换热面积：

$$S_i = \pi d_i L_i \tag{4-20}$$

式中　d_i ──内管管内径，m；

　　　L_i ──传热管测量段的实际长度，m。

　　由热量衡算式：

$$Q_i = W_i c_{pi}(t_{i2} - t_{i1}) \tag{4-21}$$

　　其中质量流量由下式求得：

$$W_i = \frac{V_i \rho_i}{3600} \tag{4-22}$$

式中　V_i ──冷流体在套管内的平均体积流量，$\mathrm{m^3/h}$；

　　　c_{pi} ──冷流体的定压比热容，$\mathrm{kJ/(kg \cdot ℃)}$；

　　　ρ_i ──冷流体的密度，$\mathrm{kg/m^3}$。

　　c_{pi} 和 ρ_i 可根据定性温度 t_m 查得，$t_m = \dfrac{t_{i1} + t_{i2}}{2}$ 为冷流体进出口平均温度。t_{i1}、t_{i2}、t_w、V_i 可采取一定的测量手段得到。

2. 对流传热系数、准数关联式的实验确定

　　流体在管内作强制湍流，被加热状态，准数关联式的形式为：

$$Nu_i = ARe_i^m Pr_i^n \tag{4-23}$$

　　其中：

$$Nu_i = \frac{\alpha_i d_i}{\lambda_i}, \quad Re_i = \frac{u_i d_i \rho_i}{\mu_i}, Pr_i = \frac{c_{pi} \mu_i}{\lambda_i}$$

物性数据 λ_i、c_{pi}、ρ_i、μ_i 可根据定性温度 t_m 查得。经过计算可知，对于管内被加热的空气，普兰特数 Pr_i 变化不大，可以认为是常数，则关联式的形式简化为：

$$Nu_i = ARe_i^m Pr_i^{0.4} \tag{4-24}$$

这样通过实验确定不同流量下的 Re_i 与 Nu_i，然后用线性回归方法确定 A 和 m 的值。

3. 强化套管换热器传热系数、准数关联式及强化比的测定

强化传热技术，可以使初设计的传热面积减小，从而减小换热器的体积和重量，提高了现有换热器的换热能力，达到强化传热的目的。同时换热器能够在较低温差下工作，减少了换热器工作阻力，以减少动力消耗，更合理有效地利用能源。强化传热的方法有多种，本实验装置采用了多种强化方式。

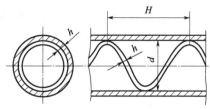

图 4-10 螺旋线圈强化管内部结构

其中螺旋线圈的结构图如图 4-10 所示，螺旋线圈由直径 3mm 以下的铜丝和钢丝按一定节距绕成。将金属螺旋线圈插入并固定在管内，即可构成一种强化传热管。在近壁区域，流体一面由于螺旋线圈的作用而发生旋转，一面还周期性地受到线圈的螺旋金属丝的扰动，因而可以使传热强化。由于绕制线圈的金属丝直径很小，流体旋流强度也较弱，所以阻力较小，有利于节省能源。螺旋线圈是以线圈节距 H 与管内径 d 的比值以及管壁粗糙度 $(2d/h)$ 为主要技术参数，且长径比是影响传热效果和阻力系数的重要因素。

科学家通过实验研究总结了形式为 $Nu = ARe^m$ 的经验公式，其中 A 和 m 的值因强化方式不同而不同。在本实验中，确定不同流量下的 Re_i 与 Nu_i，用线性回归方法可确定 A 和 m 的值。

单纯研究强化手段的强化效果（不考虑阻力的影响），可以用强化比的概念作为评判准则，它的形式是 Nu/Nu_0，其中 Nu 是强化管的努塞尔数，Nu_0 是普通管的努塞尔数，显然，强化比 $Nu/Nu_0 > 1$，而且它的值越大，强化效果越好。需要说明的是，如果评判强化方式的真正效果和经济效益，则必须考虑阻力因素，阻力系数随着传热系数的增加而增加，从而导致换热性能的降低和能耗的增加，只有强化比较高，且阻力系数较小的强化方式，才是最佳的强化方法。

4. 总传热系数 K 的计算

总传热系数 K 是评价换热器性能的一个重要参数，也是对换热器进行传热计算的依据。对于已有的换热器，可以通过测定有关数据，如设备尺寸、流体的流量和温度等，通过传热速率方程式计算 K 值。

传热速率方程式是换热器传热计算的基本关系。该方程式中，冷、热流体温度差 ΔT 是传热过程的推动力，它随着传热过程冷热流体的温度变化而改变。

传热速率方程式 $\qquad\qquad Q = K_o S_o \Delta t_m \tag{4-25}$

热量衡算式 $\qquad\qquad\qquad Q = c_p W(t_2 - t_1) \tag{4-26}$

总传热系数 $\qquad\qquad\qquad K_o = \dfrac{c_p W(t_2 - t_1)}{S_o \Delta t_m} \tag{4-27}$

式中 　Q——热量，W；

　　S_o——传热面积，m^2；

　　Δt_m——冷热流体的平均温差，℃；

K_o——总传热系数，W/(m²·℃)；

c_p——比热容，J/(kg·℃)；

W——空气质量流量，kg/s；

t_2-t_1——空气进出口温差，℃。

四、实验装置与流程

（一）实验设备1

1. 实验设备1流程图（图4-11）

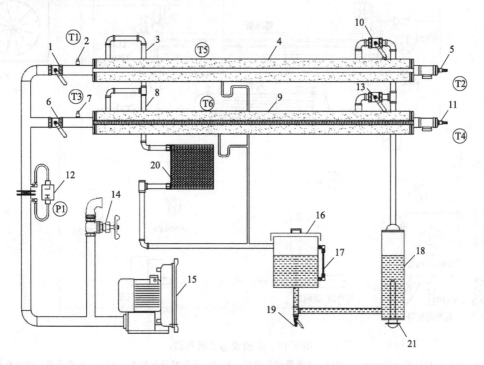

图 4-11　实验设备 1 流程图

1—光滑管空气进口阀；2—光滑管空气进口温度测试点；3—光滑管蒸汽出口；4—光滑套管换热器；5—光滑管空气出口温度测试点；6—强化管空气进口阀；7—强化管空气进口温度测试点；8—强化管蒸汽出口；9—内插有螺旋线圈的强化套管换热器；10—光滑套管蒸汽进口阀；11—强化套管空气出口温度测试点；12—孔板流量计；13—强化套管蒸汽进口阀；14—空气流量旁路调节阀；15—旋涡气泵；16—储水罐；17—液位计；18—蒸汽发生器；19—排水阀；20—散热器；21—电热器；T1、T2、T3、T4、T5、T6—温度计；P1—孔板压差计

2. 流程说明

本实验采用套管换热器，以环隙内流动的饱和水蒸气加热管内空气，水蒸气和空气间的传热过程由三个传热环节组成：水蒸气在管外壁的冷凝传热，管壁的热传导以及管内空气对管内壁的对流传热。本实验装置采用两组套管换热器，即光滑套管换热器和强化套管换热器。其中强化传热是采用在换热器内管插入螺旋线圈的方法来进行的。

蒸汽发生器为电加热釜，使用容积为5L，内装有一支2.5kW的螺电热器，与储水釜相连（实验过程中要保持储水釜中液位不要低于釜的二分之一，防止加热器干烧）。

空气进出口温度采用电偶电阻温度计测得，由多路巡检表以数值形式显示。壁温采用热电偶温度计测量；旋涡气泵电机功率约 0.75kW（使用三相电源），在本实验装置上，产生的最大和最小空气流量基本满足要求，使用过程中，输出空气的温度呈上升趋势。

（二）实验设备 2

1. 实验设备 2 流程图（图 4-12）

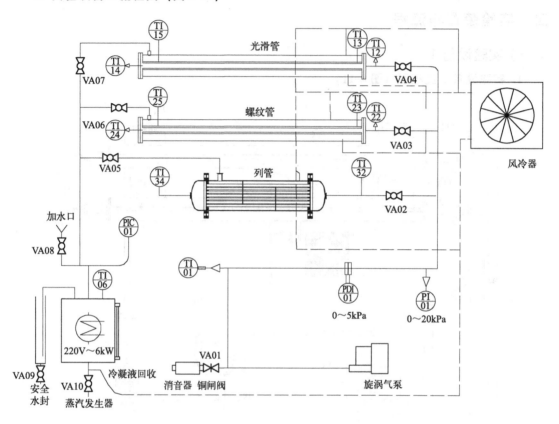

图 4-12　实验设备 2 流程图

TI01—风机出口气温（校正用）；TI12—光滑管进气温度；TI22—螺纹管进气温度；TI13—光滑管进口截面壁温；
TI23—螺纹管进口截面壁温；TI14—光滑管出气温度；TI24—螺纹管出气温度；TI15—光滑管出口截面壁温；
TI25—螺纹管出口截面壁温；TI32—列管进气温度；TI34—列管出气温度；TI06—蒸汽发生器内水温（管外
蒸汽温度）；VA01—放空阀；VA02—列管冷空气进口阀；VA03—螺纹管冷空气进口阀；VA04—光滑管冷空气
进口阀；VA05—列管蒸汽进口阀；VA06—螺纹管蒸汽进口阀；VA07—光滑管蒸汽进口阀；VA08—加水口阀；
VA09—液封排水口阀门；VA10—蒸汽发生器排水口阀门；PIC01—蒸汽发生器压力（控制蒸气量用）；
PI01—进气压力传感器（校正流量用）；PDI01—孔板压差计

说明：因为蒸汽与大气相通，蒸汽发生器内接近常压，因此 TI06 也可看作管外饱和蒸汽温度。风机启动时，必须保证 VA01 是全开状态，VA02 或 VA03、VA04 全开。加热启动时，必须保证 VA05 或 VA06、VA07 全开。

2. 流程说明

本装置主体套管换热器内为一根紫铜管，外套管为不锈钢管。两端法兰连接，外套管设置有两对视镜，方便观察管内蒸汽冷凝情况。管内铜管测点间有效长度 1000mm。下套管换热器内有弹簧螺纹，作为管内强化传热与上光滑管内无强化传热进行比较。列管换热器总长600mm，换热管直径 10mm，总换热面积 $0.8478m^2$。

空气由旋涡气泵送出，经孔板流量计后进入被加热铜管进行加热升温，自另一端排出放空。在进、出口两个截面上铜管管壁内和管内空气中心分别装有 2 个热电阻，可分别测出两个截面上的壁温和管中心的温度。热电阻 TI01 可将孔板流量计前进口的气温测出，另一个热电阻 TI06 可将蒸汽发生器内温度测出。

蒸汽来自蒸汽发生器，蒸汽发生器内装有三组 2kW 加热源，由调压器控制加热电压以便控制加热蒸汽量。蒸汽进入套管换热器的铜管外套，冷凝释放潜热，为防止蒸汽内有不凝气体，本装置设有放空口，不凝气体排空，而冷凝液则回流到蒸汽发生器内再利用。

五、实验步骤

（一）实验设备 1

1. 实验前的检查准备

① 向储水罐 16 中加水至液位计上端处。

② 检查空气流量旁路调节阀 14 是否全开（应全开）。

③ 检查蒸汽管支路各控制阀 10、13 和空气支路控制阀 1、6 是否已打

对流传热实验
（实验设备 1）

开（应保证至少有一路是开启状态），保证蒸汽和空气管线畅通。

④ 合上电源总闸，设定加热电压，启动电加热器开关，开始加热。加热系统处于完好状态。

2. 开始实验

① 准备工作完毕后，启动仪表面板加热开关，对蒸汽发生器内液体进行加热。当套管换热器内管壁温升到接近 100℃并保持 5min 不变时，保持阀门 1 开度，关闭阀门 13 和阀门 6，启动旋涡气泵开关。

② 用旁路调节阀 14 来调节流量，调好某一流量稳定 3~5min 后，分别记录空气的流量、空气进出口的温度及壁面温度。由温度巡检仪测量光滑管空气进口温度、光滑管空气出口温度，换热器内管壁面的温度由温度巡检仪测得。然后改变流量测量下组数据。一般从小流量到最大流量之间，要测量 5~6 组数据。

③ 测完光滑管换热器的数据后，要进行强化管换热器实验。先打开强化管蒸汽进口阀 13，全部打开空气流量旁路阀 14。关闭光滑管蒸汽进口阀 10，打开强化管空气进口路阀 6，关闭光滑管空气进口阀 1，进行强化管传热实验。实验方法同步骤②。

④ 实验结束后，依次关闭加热电源、旋涡气泵和总电源。一切复原。

（二）实验设备 2

1. 实验前准备工作

① 检查水位。通过蒸汽发生器液位计观察蒸汽发生器内水位是否处于液位计的 70%~90%，少于 70%~90% 需要补充蒸馏水。此时需开启 VA08，通过加水口补充蒸馏水。

② 检查电源。检查装置外供电是否正常供电（空开是否闭合等情况），检查装置控制柜内空开是否闭合（首次操作时需要检查，控制柜内多是电气元件，建议控制柜空开可以长期闭合，不要经常开启控制柜）。

对流传热实验
（实验设备 2）

③ 启动装置控制柜上面"总电源"和"控制电源"按钮，启动后，检查触摸屏上温度、压力等测点是否显示正常，是否有坏点或者显示不正常的点。

④ 检查阀门。检查放空阀 VA01 是否处于全开状态。若先测上边光滑管，则 VA04、VA07 全开，其他阀门关闭。

2. 开始实验

启动触摸屏面板上蒸汽发生器的"固定加热"按钮和"调节加热"按钮，并点击蒸汽发生器"SV_%功率"数值，打开"压力控制设置面板"，如显示"功率模式"，直接点击"功率定值"数值，打开数值设定窗口，设定 100，如打开"压力控制设置面板"当前显示"压力模式"，则点击"压力模式"，操作步骤同功率模式。

当 TI06≥98℃时，关闭"固定加热"，点击"泵启动"启动旋涡气泵，并点击蒸汽发生器"SV_%功率"数值，打开"压力控制设置面板"，设置为"压力模式"，点击"压力定值"数值，打开数值设定窗口，设定 1.0～1.5kPa（建议 1.0kPa），调节放空阀 VA01 控制风量至预定值，当 TI06≥98℃时，稳定约 2min 时间，即可记录数据。

建议风量调节由孔板压差计 PDI01 显示，记录 0.4kPa、0.5kPa、0.65kPa、0.85kPa、1.15kPa、1.5kPa、2.0kPa 共 7 个点，同时记录不同差压下各温度显示值。

完成数据记录后可切换阀门进行螺纹管实验，数据记录方式同上。

① 阀门切换

蒸汽转换：全开 VA06，关闭 VA07。

风量切换：全开 VA01，全开 VA03，关闭 VA04。

② 当 TI06≥98℃时，调节放空阀 VA01 控制风量至预定值，稳定约 2min 时间，即可记录数据。

风量调节由孔板压差计 PDI01 显示，记录 0.4kPa、0.5kPa、0.65kPa、0.85kPa、1.15kPa，取 5 个点即可。

完成数据记录后可切换阀门进行列管实验，数据记录方式同上。

① 阀门切换

蒸汽转换：全开 VA05，关闭 VA06。

风量切换：全开 VA01，全开 VA02，关闭 VA03。

② 当 TI06≥98℃时，调节放空阀 VA01 控制风量至预定值，稳定约 2min 时间，即可记录数据。

风量调节由孔板压差计 PDI01 显示，记录 0.4kPa、0.5kPa、0.65kPa、0.85kPa、1.15kPa，取 5 个点即可。

3. 实验结束

实验结束时，点击"调节加热"按钮，使其关闭。开启放空阀 VA01，最后点击"泵启动"关闭旋涡气泵电源，关闭装置外供电。如长期不使用需放净蒸汽发生器和液封中的水，并用部分蒸馏水冲洗蒸汽发生器 2～3 次。

六、注意事项

1. 检查蒸汽发生器中的水位是否在正常范围内。特别是每个实验结束后，进行下一实验之前，如果发现水位过低，应及时补给水量。

2. 必须保证蒸汽上升管线的畅通，即在开启蒸汽发生器之前，两蒸汽支路阀门之一必须全开。在转换支路时，应先开启需要的支路阀，再关闭另一侧，且开启和关闭阀门必须缓慢，防止管线截断或蒸汽压力过大突然喷出。

　　3. 必须保证空气管线的畅通，即在接通旋涡气泵电源之前，两个空气支路控制阀之一和旁路调节阀必须全开。在转换支路时，应先关闭旋涡气泵电源，然后开启和关闭支路阀。

　　4. 调节流量后，应至少稳定 3～8min 后再读取实验数据。

　　5. 实验中保持上升蒸汽量的稳定，不应改变加热电压。

七、实验记录及数据处理

　　1. 将数据记录在表格中，并进行相应计算，以任一组数据为例，写明整个计算过程和结果。

　　2. 根据计算结果，绘制对流传热实验准数关联图。

八、思考题

　　1. 实验开始时是否需要确定冷流体的最小流量？如何确定？

　　2. 实验中管壁温度接近哪侧流体的温度？为什么？

　　3. 管内空气流速对对流传热系数有何影响？当空气流速增大时，空气离开热交换器的温度是升高还是降低？为什么？

　　4. 实验设备 1 中的两个套管换热器有何不同？哪个对流传热系数大？为什么？

实验 4.5　筛板精馏塔实验

一、实验目的

　　1. 了解板式精馏塔的基本结构、精馏设备流程及各个部分的作用和操作方法。

　　2. 学会识别精馏塔的几种操作状态。

　　3. 学习精馏塔性能参数的测量方法，并掌握其影响因素。

二、实验内容

　　1. 测定精馏塔在全回流条件下，稳定操作后的全塔理论塔板数和总板效率。

　　2. 测定精馏塔在某一回流比条件下，稳定操作后的全塔理论塔板数和总板效率。

三、实验原理

　　对于二元物系，如已知其气液平衡数据，则根据精馏塔的原料液组成、进料热状况、操作回流比、塔顶馏出液组成、塔底釜液组成可以求出该塔的理论板数 N_T，按照式(4-28) 可以得到总板效率 E_T，其中 N_P 为实际塔板数。

$$E_T = \frac{N_T}{N_P} \times 100\% \tag{4-28}$$

部分回流时，进料热状况参数的计算式为

$$q = \frac{c_{pm}(t_{BP} - t_F) + r_m}{r_m} \tag{4-29}$$

式中　t_F——进料温度，℃；

　　　t_{BP}——进料的泡点温度，℃；

c_{pm}——进料液体在平均温度 $(t_F + t_{BP})/2$ 下的比热容，kJ/(kmol·℃)；

r_m——进料液体泡点温度下的汽化潜热，kJ/kmol。

$$c_{pm} = c_{p1}M_1x_1 + c_{p2}M_2x_2 \qquad (4\text{-}30)$$
$$r_m = r_1M_1x_1 + r_2M_2x_2 \qquad (4\text{-}31)$$

式中　c_{p1}，c_{p2}——纯组分 1 和纯组分 2 在平均温度下的比热容，kJ/(kg·℃)；

r_1，r_2——纯组分 1 和纯组分 2 在泡点温度下的汽化热，kJ/kg；

M_1，M_2——纯组分 1 和纯组分 2 的摩尔质量，kg/kmol；

x_1，x_2——纯组分 1 和纯组分 2 在进料中的摩尔分数。

四、实验装置与流程

（一）不锈钢精馏塔

1. 不锈钢精馏塔实验装置

不锈钢精馏塔实验装置见图 4-13。

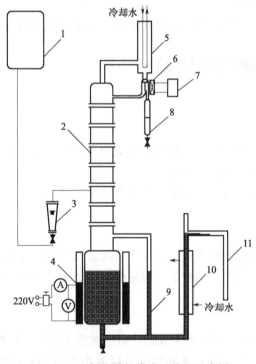

图 4-13　不锈钢精馏塔实验装置示意图

1—高位槽；2—精馏塔塔体；3—转子流量计；4—电加热器；5—塔顶冷凝器；6—线圈；7—回流比控制器；
8—塔顶产品接料瓶；9—液位计；10—塔釜产品冷却器；11—塔釜产品出料管

2. 流程说明

该精馏装置全部采用不锈钢材料制成并安装玻璃观测管，能够在实验过程中清晰看到每块板上气-液传质过程的全貌。该精馏装置具有省电的优点，只需 1.5kW 左右的电负荷，就可以完成全回流和部分回流各条件下的精馏操作实验。该装置使用的原料是乙醇-正丙醇系统，浓度用阿贝折射仪测量。

（二）连续精馏塔

1. 连续精馏塔实验装置

连续精馏塔实验装置见图 4-14。

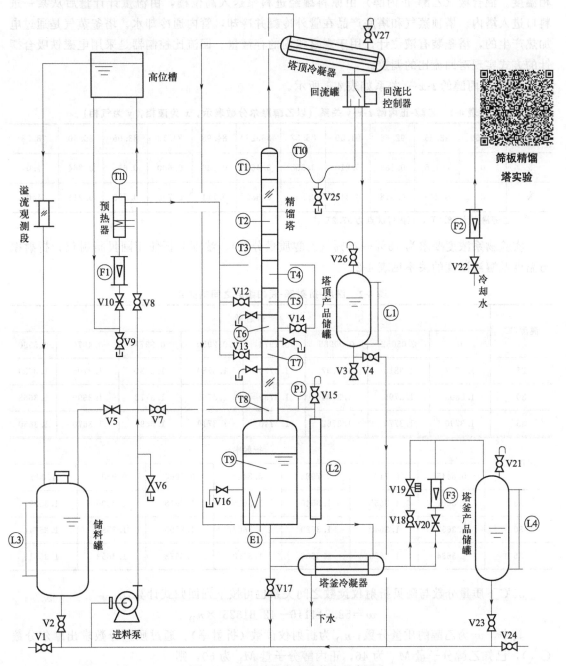

图 4-14　连续精馏塔实验装置示意图

T1~T11—温度计；L1~L4—液位计；F1~F3—流量计；E1—加热器；P1—塔釜压力计；V1、V3、V24—排空阀；
V2、V4、V17、V23—出料阀；V5—循环阀；V6、V9、V16、V25—取样阀；V7—直接进料阀；V8—间接
进料阀；V10、V20、V22—流量计调节阀；V12、V13、V14—塔体进料阀；V15—排气阀；
V18—控制阀；V19—电磁阀；V21、V26—罐放空阀；V27—塔顶冷凝器放空阀

2. 流程说明

精馏塔为筛板塔,全塔共有 9 块塔板,由不锈钢板制成,降液管由外径为 8mm 的不锈钢管制成,筛孔直径为 1.8mm。塔内装有多个铂电阻温度计,用来测定塔内不同位置的气相温度。混合液(乙醇-正丙醇)由原料罐经进料泵送入高位槽,由流量计计量后从某一进料口进入塔内。塔顶蒸气和塔底产品在管外冷凝并冷却,管内通冷却水。塔釜蒸气是通过电加热产生的,塔釜装有液位计,用于观察釜内的存液量。回流比控制器是采用电磁铁吸合摆针的方式实现对回流比的调控。

乙醇-正丙醇的 t-x-y 关系如表 4-1 所示。

表 4-1 乙醇-正丙醇 t-x-y 关系(以乙醇摩尔分数表示,x 为液相,y 为气相)

t/℃	97.60	93.85	92.66	91.60	88.32	86.25	84.98	84.13	83.06	80.50	78.38
x	0	0.126	0.188	0.210	0.358	0.461	0.546	0.600	0.663	0.884	1.0
y	0	0.240	0.318	0.349	0.550	0.650	0.711	0.760	0.799	0.914	1.0

注:乙醇沸点为 78.3℃,正丙醇沸点为 97.2℃。

实验物系浓度要求为 15%～25%(乙醇质量分数),浓度分析使用阿贝折射仪,折射率与温度及溶液浓度的关系见表 4-2。

表 4-2 温度-折射率-液相组成之间的关系

温度/℃	折射率							
	0	0.05052	0.09985	0.1974	0.2950	0.3977	0.4970	0.5990
25	1.3827	1.3815	1.3797	1.3770	1.3750	1.3730	1.3705	1.3680
30	1.3809	1.3796	1.3784	1.3759	1.3755	1.3712	1.3690	1.3668
35	1.3790	1.3775	1.3762	1.3740	1.3719	1.3692	1.3670	1.3650

温度/℃	折射率						
	0.6445	0.7101	0.7983	0.8442	0.9064	0.9509	1.000
25	1.3607	1.3658	1.3640	1.3628	1.3618	1.3606	1.3589
30	1.3657	1.3640	1.3620	1.3607	1.3593	1.3584	1.3574
35	1.3634	1.3620	1.3600	1.3590	1.3573	1.3653	1.3551

30℃下质量分数与阿贝折射仪读数之间关系也可按下列回归式计算:

$$w = 58.844116 - 42.61325 \times n_D$$

其中,w 为乙醇的质量分数;n_D 为折射仪读数(折射率)。通过质量分数求出摩尔分数(x_A),已知乙醇分子量 M_A 为 46,正丙醇分子量 M_B 为 60,则

$$x_A = \frac{\left(\dfrac{w_A}{M_A}\right)}{\left(\dfrac{w_A}{M_A}\right) + \left(\dfrac{1-w_A}{M_B}\right)}$$

精馏塔设备仪表面板如图 4-15 所示。

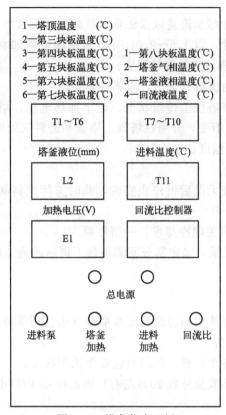

图 4-15 设备仪表面板

五、实验步骤

（一）不锈钢精馏塔

1. 实验前准备工作

① 将阿贝折射仪配套的超级恒温槽调整运行到所需要的温度（30℃），并记录这个温度。

② 检查实验装置上的各个旋塞、阀门均应处于关闭状态；电流、电压表及电位器位置均应为零。

③ 配制一定浓度（乙醇质量分数 20％左右）的乙醇-正丙醇混合液（总容量 6000mL 左右），倒入高位槽。

④ 打开进料转子流量计阀门，向精馏釜内加料到指定高度（冷液面在塔釜总高 2/3 处），而后关闭流量计阀门。

2. 全回流操作

① 打开塔顶冷凝器进水阀门，保证冷却水足量（60L/h 即可）。

② 记录室温，打开电源开关。

③ 调节加热电压约为 75V，待塔板上建立液层后再适当加大电压，使塔内维持正常操作。

④ 当各块塔板上鼓泡均匀后，保持加热釜电压不变，在全回流情况下稳定 20min 左右，随时观察塔内传质情况直至操作稳定。然后分别在塔顶、塔釜取样口用 50mL 三角瓶同时取样，通过阿贝折射仪分析样品浓度，测定全回流下的 x_D、x_W。

3. 部分回流操作

① 打开塔釜冷却水。冷却水流量以保证釜馏液温度接近常温为准。

② 调节进料转子流量计，以 1.5～2.0L/h 的流量向塔内加料，用回流比控制器调节回流比 $R=4$，馏出液收集在塔顶产品接料瓶中。

③ 塔釜产品经冷却后由溢流管流出，收集在容器内。

④ 待操作稳定后，观察塔板上传质状况，记下加热电压、塔顶温度等有关数据，整个操作中维持进料流量计读数不变，分别在塔顶、塔釜和进料三处取样，用阿贝折射仪分析其浓度并记录下进塔原料液的温度。

4. 实验结束

① 记录实验数据并检查无误后可停止实验，此时关闭进料阀门和加热开关，关闭回流比调节器开关。

② 停止加热后 10min 再关闭冷却水，一切复原。

③ 根据物系的 t-x-y 关系，确定部分回流条件下进料的泡点温度，并进行数据处理。

（二）连续精馏塔

1. 实验前准备工作

① 将与阿贝折射仪配套使用的超级恒温水浴调整运行到所需的温度，并记录这个温度。将取样用注射器和镜头纸备好。

② 检查实验装置上的各个旋塞、阀门均应处于关闭状态。

③ 配制一定浓度（乙醇质量分数 20％左右）的乙醇-正丙醇混合液（总容量 15L 左右），倒入储料罐。

④ 启动进料泵开关，打开直接进料阀门，全开塔釜排气阀 V15，向精馏釜内加料到指定高度（冷液面在塔釜总高 2/3 处），而后关闭进料阀门 V7 和进料泵，关闭排气阀门 V15。

2. 实验操作

（1）全回流操作

① 打开塔顶冷凝器进水阀门，保证冷却水足量（60～80L/h 即可）。

② 记录室温，接通总电源开关（220V）。

③ 调节加热电压约为 130V，启动塔釜加热开关，开始加热。

④ 待塔板上建立液层后再适当加大电压，使塔内维持正常操作。

⑤ 当观察塔板上鼓泡均匀后，保持加热电压不变，在全回流情况下稳定 20min 左右，随时观察塔内传质情况直至操作稳定。然后分别在塔顶、塔釜取样口用 50mL 三角瓶同时取样，通过阿贝折射仪分析样品浓度。

（2）部分回流操作

① 待全回流测量完毕后，准备开始部分回流实验。

② 启动进料泵，打开间接进料阀门 V8，选择好塔体进料位置，并打开阀门 V13（或 V14），利用阀门 V10，调节转子流量计，以 2.0L/h 的流量向塔内加料。

③ 利用回流比控制器调节回流比 $R=4$，全开塔顶产品储罐放空阀门 V26，塔顶馏出液收集在塔顶产品储罐中。

④ 待操作稳定后，观察塔板上传质状况，记下加热电压、塔顶温度等有关数据，整个操作中维持进料转子流量计读数不变，分别在塔顶、塔釜和进料三处取样，用阿贝折射仪分析其浓度并记录下进塔原料液的温度。

（3）实验结束

① 记录好实验数据并检查无误后可停止实验，此时关闭进料阀门和加热开关，关闭回流比控制器开关。

② 停止加热 10min 后再关闭冷却水，一切复原。

③ 根据物系的 t-x-y 关系，确定部分回流条件下进料的泡点温度，并进行数据处理。

六、注意事项

1. 由于实验所用物系属易燃物品，所以实验中要特别注意安全，操作过程中避免液体洒落发生危险。

2. 实验设备加热功率由仪表自动调节，注意加热升温要缓慢，以免发生暴沸（过冷沸腾）使釜液从塔顶冲出。若出现此现象应立即断电，重新操作。升温和正常操作过程中釜的电功率不能过大。

3. 开车时要先接通冷却水再向塔釜供热，停车时操作反之。

4. 检测浓度使用阿贝折射仪。读取折射率时，一定要同时记录测量温度并按给定的温度-折射率-浓度关系测定相关数据。

5. 为便于对全回流和部分回流的实验结果（塔顶产品质量）进行比较，应尽量使两组实验的加热电压及所用料液浓度相同或相近。连续进行实验时，应将前一次实验时留存在塔釜、塔顶、塔底产品储罐内的料液倒回原料液储罐中循环使用。

七、实验记录及数据处理

1. 在表中列出原始数据及计算结果数据，并以其中一组数据为例进行实验数据计算，并写出计算过程。

2. 计算 x_D 和 x_W。

3. 图解法确定全回流理论塔板数和部分回流理论塔板数，并求出全塔效率。

八、思考题

1. 什么是全回流？全回流操作在生产中有什么实际意义？

2. 影响精馏塔操作稳定性的因素有哪些？如何判断精馏塔内的气-液已达稳定？

3. 测定全回流和部分回流总板效率与单板效率时各需测几个参数？取样位置在何处？

4. 在全回流、稳定操作条件下塔内温度沿塔高如何分布？为什么会有这样的温度分布？

5. 进料温度发生变化会对操作有什么影响？应该如何进行调节？

附：阿贝折射仪的使用方法及注意事项

1. 了解浓度-折射率标定曲线的适用温度。

2. 开启超级恒温水浴，待恒温后，看阿贝折射仪测量室的温度是否正好等于标定曲线的适用温度。若不等应适当调节超级恒温水浴的触点温度计，使阿贝折射仪测量室的温度正好等于标定曲线的适用温度。

3. 用折射仪测定无水乙醇的折射率，看折射仪的"零点"是否正确。

4. 测定某物质的折射率的步骤如下：

（1）测量折射率时，放置待测液体的薄片状空间称为样品室。测量之前应用镜头纸将样品室的上下磨砂玻璃表面擦拭干净，以免留有其他物质影响测定结果的精确度。

（2）在样品室关闭且锁紧手柄的挂钩刚好挂上的状态下，用医用注射器将待测的液体从样品室侧面的小孔注入样品室，然后立即旋转样品室的锁紧手柄，将样品室锁紧（锁紧即可，但不要用力过大）。

（3）调节样品室下方和竖置大圆盘侧面的反光镜，使两镜筒内的视场明亮。

（4）估计一下样品折射率数值的范围，然后转动竖置大圆盘下方侧面的手轮，将刻度调至样品折射率数值的附近。

（5）转动目镜底部侧面上方的手轮，使镜筒视场中除黑白两色外无其他颜色，再旋转侧面下方的手轮，将视场中黑白分界线调至斜十字线的中心。

（6）读数镜筒中看到的下侧刻度读数为待测物质的折射率数值 n_D。根据读得的折射率数值和样品室的温度，从浓度-折射率标定曲线查该样品的质量分数。

5. 注意保持阿贝折射仪的清洁，严禁污染光学零件，必要时可用干净的镜头纸或脱脂棉轻轻地擦拭。如光学零件表面有油垢，可用脱脂棉蘸少许洁净的汽油轻轻擦拭。

实验 4.6 填料吸收塔实验

一、实验目的

1. 了解吸收与解吸装置的设备结构、流程和操作方法。
2. 学会填料吸收塔流体力学性能的测定方法，了解影响填料塔流体力学性能的因素。
3. 学会吸收塔传质系数的测定方法，了解气速和喷淋密度对总体积吸收系数的影响。
4. 学会解吸塔传质系数的测定方法，了解影响解吸传质系数的因素。
5. 练习吸收、解吸联合操作，观察塔釜溢流及液泛现象。

二、实验内容

1. 测定填料层压降与操作气速的关系，确定在一定液体喷淋量下的液泛气速。
2. 固定液相流量和入塔混合气二氧化碳的浓度，在液泛速度下，取两个相差较大的气相流量，分别测量塔的传质能力（传质单元数）和传质效率（传质单元高度和总体积传质系数）。
3. 进行纯水吸收二氧化碳、解吸水中二氧化碳的操作练习。

三、实验原理

1. 填料塔流体力学性能

气体在填料层内的流动一般处于湍流状态。在干填料层内，气体通过填料层的压降与流速（或风量）的关系成正比。

当气液两相逆流流动时，液膜占去了一部分气体流动的空间。在相同的气体流量下，填料空隙间的实际气速有所增加，压降也有所增加。同理，在气体流量相同的情况下，液体流量越大，液膜越厚，填料空间越小，压降也越大。因此，当气液两相逆流流动时，气体通过填料层的压降要比干填料层大。

当气液两相逆流流动时，低气速操作时，液膜厚度随气速变化不大，液膜增厚所造成的附加压降并不显著。此时压降曲线基本与干填料层的压降曲线平行。气速提高到一定值时，由于液膜增厚对压降影响显著，此时压降曲线开始变陡，这些点称为载点。不难看出，载点的位置不是十分明确的，但它提示人们，自载点开始，气液两相流动的交互影响已不容忽视。

自载点以后，气液两相的交互作用越来越强，当气液流量达到一定值时，两相的交互作用恶性发展，将出现液泛现象，在压降曲线上压降急剧升高，此点称为泛点。

吸收塔中填料的作用主要是增加气液两相的接触面积，而气体在通过填料层时，由于有局部阻力和摩擦阻力而产生压降。压降是塔设计中的重要参数，气体通过填料层的压降决定了塔的动力消耗。压降与气、液流量有关，不同液体喷淋量下填料层的压降 Δp 与气速 u 的关系如图 4-16 所示。

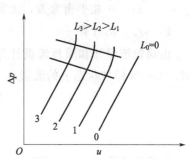

图 4-16 填料层的 Δp-u 关系

当无液体喷淋即喷淋量 $L_0 = 0$ 时，干填料的 Δp-u 的关系是直线，如图 4-16 中的直线 0。当有一定的喷淋量时，Δp-u 的关系变成折线，并存在两个转折点，下转折点称为"载点"，上转折点称为"泛点"。这两个转折点将 Δp-u 关系分为三个区段：恒持液量区、载液区与液泛区。

本实验通过测定干填料以及不同液体喷淋流量下的压降与空塔气速，了解填料塔压降与空塔气速之间的关系以及不同液体流量下的液泛点。

2. 吸收传质系数

吸收传质系数是决定吸收过程速率高低的重要参数，而实验测定是获取吸收传质系数的根本途径，对于相同的物系及一定的设备（填料类型与尺寸），吸收传质系数随着操作条件及气液接触状况的不同而变化。吸收流程图如图 4-17 所示。

二氧化碳吸收属于难溶气体的吸收。

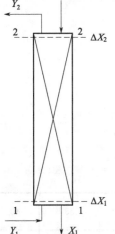

图 4-17 吸收流程图

$$K_X a = \frac{q_{n,L}}{H_{OL} \Omega} \tag{4-32}$$

$$H_{OL} = \frac{Z}{N_{OL}} \tag{4-33}$$

$$N_{OL} = \frac{X_1 - X_2}{\Delta X_m} \tag{4-34}$$

$$\Delta X_m = \frac{\Delta X_2 - \Delta X_1}{\ln \dfrac{\Delta X_2}{\Delta X_1}}$$

$$\Delta X_2 = X_2^* - X_2, \quad X_2^* = \frac{Y_2}{m}$$

$$\Delta X_1 = X_1^* - X_1, \quad X_1^* = \frac{Y_1}{m}$$

式中　$K_X a$——液相总体积传质系数，kmol/(m³·h)；

　　　Z——填料层的高度，m；

H_{OL}——液相总传质单元高度，m；

N_{OL}——液相总传质单元数；

$q_{n,L}$——单位时间通过吸收塔的溶剂量，kmol/h；

Ω——填料塔截面积，$\Omega = \dfrac{\pi}{4} D^2$，$m^2$；

ΔX_m——所测填料层两端面上的液相推动力；

X_2，X_1——进塔、出塔液体中溶质组分的摩尔比；

ΔX_2，ΔX_1——填料层上、下两端面的液相推动力；

m——相平衡常数，无量纲。

(1) $q_{n,L}$ 的计算

由涡轮流量计和质量流量计分别测得水流量 V_s（m^3/h）、空气流量 V_B（m^3/h）（20℃、101.325kPa 标准状态下的流量），y_1 及 y_2 可由 CO_2 分析仪直接读出，则由

$$L_s(\text{kmol/h}) = V_s \rho_{水} / M_{水} \tag{4-35}$$

$$G_B = \frac{V_B \rho_0}{M_{空气}} \tag{4-36}$$

标准状态下，$\rho_0 = 1.205\text{kg/m}^3$，$M_{空气} = 29$，可计算出 L_s、G_B。

又由全塔物料衡算：$q_{n,L} = L_s(X_1 - X_2) = G_B(Y_1 - Y_2)$ $\tag{4-37}$

根据 $Y = \dfrac{y}{1-y}$，将 y 换算成 Y：

$$Y_1 = \frac{y_1}{1-y_1} \quad Y_2 = \frac{y_2}{1-y_2}$$

认为吸收剂自来水中不含 CO_2，则 $X_2 = 0$，则可计算出 $q_{n,L}$ 和 X_1。

(2) ΔX_m 的计算

根据测出的水温可插值求出亨利常数 E（atm[❶]），本实验 $p = 1\text{atm}$，$m = E/p$，则

$$\Delta X_m = \frac{\Delta X_2 - \Delta X_1}{\ln \dfrac{\Delta X_2}{\Delta X_1}}$$

$$\Delta X_2 = X_2^* - X_2, \quad X_2^* = \frac{Y_2}{m}$$

$$\Delta X_1 = X_1^* - X_1, \quad X_1^* = \frac{Y_1}{m}$$

不同温度下 $CO_2\text{-}H_2O$ 的相平衡常数如表 4-3 所示。

表 4-3　不同温度下 $CO_2\text{-}H_2O$ 的相平衡常数

温度 t/℃	5	10	15	20	25	30	35	40
$m = E/p$	877	1040	1220	1420	1640	1860	2083	2297

---

❶ 1atm=101325Pa。

四、实验装置与流程

本实验是在填料塔中用水吸收空气与 CO_2 混合气中的 CO_2，利用空气解吸水中的 CO_2 以求取填料塔的吸收传质系数和解吸传质系数。

（一）实验设备 1

1. 设备 1 吸收与解吸实验流程图（图 4-18）

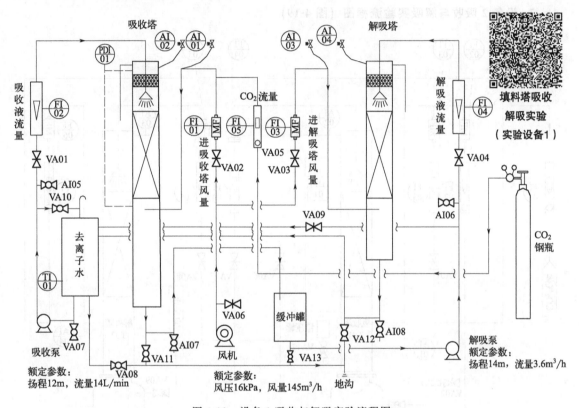

图 4-18　设备 1 吸收与解吸实验流程图

VA01—吸收液流量调节阀；VA02—吸收塔空气流量调节阀；VA03—解吸塔空气流量调节阀；VA04—解吸液流量调节阀；VA05—吸收塔 CO_2 流量调节阀；VA06—风机旁路调节阀；VA07—吸收泵放净阀；VA08—水箱放净阀；VA09—解吸液回流阀；VA10—吸收泵回流阀；AI01—吸收塔进气采样阀；AI02—吸收塔排气采样阀；AI03—解吸塔进气采样阀；AI04—解吸塔排气采样阀；AI05—吸收塔塔顶液体采样阀；AI06—解吸塔塔顶液体采样阀；AI07—吸收塔塔底液体采样阀；AI08—解吸塔塔底液体采样阀；VA11—吸收塔放净阀；VA12—解吸塔放净阀；VA13—缓冲罐放净阀；TI01—液相温度；PDI01—吸收塔体差压；FI01～FI05—流量计

2. 流程说明

空气：空气来自风机出口总管，分成两路，一路经质量流量计 FI01 与来自转子流量计 FI05 的 CO_2 混合后进入填料吸收塔底部，与塔顶喷淋下来的吸收剂（水）逆流接触吸收，吸收后的尾气排入大气。另一路经质量流量计 FI03 进入填料解吸塔底部，与塔顶喷淋下来的含 CO_2 水溶液逆流接触进行解吸，解吸后的尾气排入大气。

CO_2：钢瓶中的 CO_2 经减压阀、吸收塔 CO_2 流量调节阀 VA05、转子流量计 FI05，进入吸收塔。

水：吸收用水为水箱中的去离子水，经吸收泵和涡轮流量计 FI02 送入吸收塔顶，去离子水吸收二氧化碳后进入塔底，经解吸泵和涡轮流量计 FI04 进入解吸塔顶，解吸液和不含二氧化碳的气体接触后流入塔底，解吸后的溶液从解吸塔底经倒 U 形管溢流至水箱。

取样：在吸收塔气相进口设有取样点 AI01，吸收塔出口管上设有取样点 AI02，在解吸塔气体进口设有取样点 AI03，解吸塔出口有取样点 AI04，待测气体从取样口进入二氧化碳分析仪进行含量分析。

（二）实验设备 2

1. 设备 2 吸收与解吸实验流程图（图 4-19）

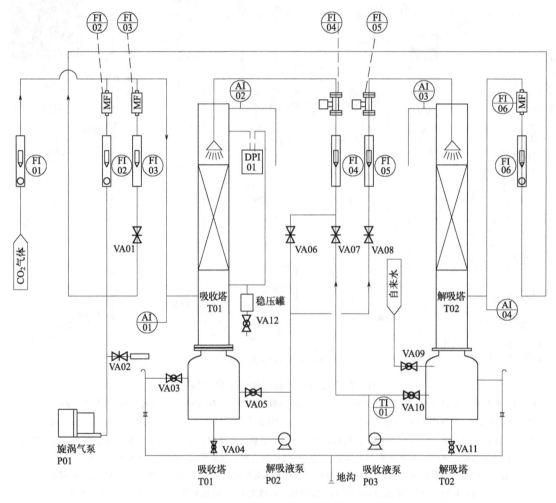

图 4-19　设备 2 吸收与解吸实验装置示意图

VA01—FI03 流量调节阀；VA02—旁路放空阀；VA03—吸收塔塔底罐溢流阀；VA04—吸收塔塔底罐放净阀；VA05—解吸液泵排气阀；VA06—吸收塔进水旁路阀；VA07—吸收塔进水阀；VA08—解吸液进水阀；VA09—进水阀；VA10—吸收液泵排气阀；VA11—解吸塔塔底罐放净阀；VA12—稳压罐排水阀；DPI01—吸收塔塔体压差；AI01—吸收塔进气检测点；AI02—吸收塔出气检测点；AI03—解吸塔出气检测点；AI04—解吸塔进气检测点

2. 流程说明

本实验是在填料塔中用水吸收空气和 CO_2 混合气中的 CO_2，利用空气解吸水中的 CO_2

以分别求取填料塔的吸收传质系数和解吸传质系数。

空气来自风机出口总管，分成三路：第一路经流量计 FI02 与来自流量计 FI01 的 CO_2 气混合后进入吸收塔底部，与塔顶喷淋下来的吸收剂（自来水）逆流接触吸收，吸收后的尾气排入大气；第二路经流量计 FI03 与塔顶喷淋下来的循环水逆流接触，测定填料塔流体力学性能；第三路经流量计 FI06 进入解吸塔底部，与塔顶喷淋下来的含 CO_2 水溶液逆流接触进行解吸，解吸后的尾气排入大气。

CO_2：钢瓶中的 CO_2 经减压阀后经 CO_2 总管，经转子流量计（FI01）后与空气混合进入吸收塔。

水：吸收用水直接为自来水，经涡轮流量计 FI04 送入吸收塔顶，水吸收二氧化碳后进入吸收塔塔底罐。如果只做吸收实验，则直接从吸收塔塔底罐底部排入地沟。如果做吸收解吸联合操作，经解吸泵和涡轮流量计 FI05 进入解吸塔顶，解吸液和不含 CO_2 的气体接触后流入塔底，然后从解吸塔塔底罐排入地沟。

取样：在吸收塔和解吸塔分别设有四个进出口气体取样点 AI01、AI02、AI03、AI04，待测气体从取样口进入二氧化碳分析仪进行含量分析。

五、实验步骤

（一）实验设备 1

1. 填料塔干填料层 $(\Delta p/Z)$-u 关系曲线

（1）实验前准备

检查实验装置是否处于开车前的准备状态（检查储水槽中的水是否需要添加、取样口是否全关，进气口需全关，水箱旁路阀门半开，水流量调节阀全关）。

（2）实验开始

① 打开总电源开关，打开控制电源（电脑），打开力控软件。

② 全开风机旁路调节阀，开启风机，观察压差是否为 0。打开吸收塔空气流量调节阀，从小到大调节空气流量。待吸收塔空气流量调节阀开到最大后，关小风机旁路调节阀的开度，继续调节空气流量。

③ 记录不同的空气流量及其对应的吸收塔干填料的塔压降，共测定并记录 10 组数据，然后在坐标纸上以空塔气速 u 为横坐标，以单位高度的压降 $\Delta p/H$ 为纵坐标，标绘干填料层 $\Delta p/H$-u 关系曲线。

（3）实验结束

关闭风机，关闭吸收塔空气流量调节阀，将空气旁路调节阀开到最大。

2. 填料塔湿填料层 $(\Delta p/Z)$-u 关系曲线

（1）实验前准备

检查实验装置是否处于开车前的准备状态（检查储水槽中的水是否需要添加、取样口是否全关，进气口需全关，水箱旁路半开，水流量调节阀全关）。

（2）实验开始

① 开启吸收泵，调节阀 VA01，对吸收塔填料进行润湿 5min。然后把水流量调节到指定流量，待缓冲罐中有一定液位后（50%），开启解吸泵，调节两侧液体流量一致，时刻观察缓冲罐中液位情况，应保证缓冲罐内液位维持在 50% 以上。

② 开启风机，打开空气流量调节阀，并关小风机旁路调节阀的开度，从小到大调节空

气流量，观察填料塔中液体流动状况。并记录空气流量、塔压降和流动状况。实验接近液泛时，进塔气体的流量速度要放慢，待各参数稳定后再读数据，液泛后填料层压降在气速几乎不变时明显上升，务必要掌握这个特点。注意不要使气速过分超过泛点，避免冲破填料。到达液泛后再取 2 个数据点记录数据。

（3）实验结束

关闭吸收、解吸液路流量调节阀，关闭吸收泵、解吸泵和风机。

3. 吸收与解吸联动实验

① 调节液体流量为所需数值（一般可选 250L/h、400L/h 和 550L/h）。

② 全开风机旁路调节阀，开启风机调节空气流量为 0.4～0.5m³/h，实验过程中维持此风量不变。

③ 开启 CO₂ 钢瓶总阀，微开减压阀，根据 CO₂ 流量计读数可微调 VA05 使 CO₂ 流量为约 1L/min。实验过程中维持此流量不变。

特别提示：由于从钢瓶中经减压释放出来的 CO₂，流量需要一定时间稳定，因此，为减少不必要的先开水和先开风机的电浪费，最好将此步骤提前半个小时进行，约半个小时后，CO₂ 流量可以达到稳定，然后再开水和风机。

④ 当各流量维持一定时间后（填料塔体积约 5L，气量按 0.4m³/h 计，全部置换时间约 45s，即按 2min 为稳定时间），打开 AI01，在线分析进口 CO₂ 浓度，等待 2min，检测数据稳定后采集数据，再打开 AI02，等待 2min，检测数据稳定后采集数据。依次打开 AI03、AI04 采集解吸塔进出口气相二氧化碳浓度。同时分别从吸收塔塔顶液体采样口 AI05、解吸塔塔顶液体采样口 AI07、解吸塔塔底液体采样口 AI08 取样检测液相二氧化碳浓度。

液相二氧化碳浓度检测方法：用移液管取浓度约为 0.1mol/L Ba(OH)₂ 溶液 10mL 于锥形瓶中，用另一支移液管取 25mL 待测液加入盛有 Ba(OH)₂ 溶液的锥形瓶中，用橡胶塞塞好并充分振荡，然后加入 2 滴酚酞指示剂，用浓度约 0.1mol/L HCl 溶液滴定待测溶液由紫红色变为无色。按下式计算得出溶液中二氧化碳的浓度：

$$c_{CO_2}(mol/L) = \frac{2c_{Ba(OH)_2}V_{Ba(OH)_2} - c_{HCl}V_{HCl}}{2V_{CO_2}}$$

⑤ 调节水量（按 250L/h、400L/h、550L/h、700L/h 调节水量），每个水量稳定后，按上述步骤依次取样。

⑥ 实验完毕后，应先关闭 CO₂ 钢瓶总阀，等 CO₂ 流量计无流量后，关闭减压阀，关闭吸收、解吸液路流量调节阀，关闭空气流量调节阀。关闭吸收泵、解吸泵和风机。关闭软件，电脑及电箱控制电源。

（二）实验设备 2

1. 开始前准备

① 按事先（实验预习时）分工，熟悉流程及各测量仪表的作用。

② 打开仪表柜总开关，检查各阀门是否为原始状态。阀门 VA02 为开启状态外，其他阀门应处于关闭状态。检查压差显示值以及涡轮流量计显示是否正常。

③ 灌塔。打开进水阀 VA09，解吸塔塔底罐加水至溢流，打开吸收液泵 P03，打开阀 VA07、VA03，对吸收塔进行灌塔，至吸收塔塔底罐溢流。关门吸收液泵 P03，关闭阀 VA07 待用。

2. 实验内容

（1）填料塔流体力学测定实验

① 阀门操作：关闭阀 VA03，阀 VA01 处于关闭状态，全开阀 VA02。

② 干塔实验：打开阀 VA01，调节阀 VA01 和 VA02，控制流量计 FI03 流量依次为 $4m^3/h$、$6m^3/h$、$8m^3/h$、$10m^3/h$、$12m^3/h$、$14m^3/h$、$16m^3/h$，并点击记录数据，读取 U 形管压差计液位差并记录实验数据。干塔实验结束后，关闭阀 VA01。

③ 湿塔实验（测量液泛点）：关闭阀 VA03，打开解吸液泵 P02、阀 VA06，并调节 FI04 流量为 200L/h 至稳定，然后调节 VA01 和 VA02，控制 FI03 流量依次为 $4m^3/h$、$6m^3/h$、$8m^3/h$、$10m^3/h$、$12m^3/h$、$14m^3/h$、$16m^3/h$，点击记录数据，读取 U 形管压差计液位差并记录实验数据。

④ 不同气液比操作：重复③步骤，FI04 依次调节为 400L/h、600L/h、800L/h。

⑤ 关机操作：实验完毕后，应先关闭旋涡气泵，再关闭阀 VA06、解吸液泵 P02。

注意：为避免由液泛导致测压管线进水，更为严重的是防止取样管线进水，对在线取样泵和色谱造成损坏，因此，我们只要一看到塔内明显出现液泛（一般在最上填料表面先出现液泛，液泛开始时，上填料层开始积聚液体），即刻停止增大风量。

当出现淹塔情况时，先关闭旋涡气泵，再关闭解吸液泵。

（2）吸收实验

① 阀门操作：阀 VA01 关闭，阀 VA02 全开，打开阀 VA03，阀 VA06、VA07、VA08 关闭。

② 进气（空气）：启动风机，调节流量计 FI02，控制风量 $0.5m^3/h$。

③ 进气（CO_2）：开启 CO_2 钢瓶总阀，微开减压阀（出口压力控制在 0.1MPa 左右）之后调节流量计 FI01 大概为 $0.08m^3/h$，此时 CO_2 体积分数在（14%～16%）左右（通过二氧化碳测定仪查看）。点击 DV02，检测吸收塔进气浓度，点击 DV01，检测吸收塔尾气浓度，观察二者基本一致。

注意：因为减压阀刚开始调节稳定后，过一段时间后压力可能下降，所以过 10min 再调节一次就可以稳定。

④ 进水：开启进水阀 VA09，保持解吸塔塔底罐溢流状态，打开吸收液泵 P03，打开阀 VA07，调节 FI04 流量至 200L/h。

⑤ 数据记录：待 CO_2 检测器示数和流量数据稳定后，点击数据记录，对实验数据进行采集。（可以每次数据都测量吸收塔进口，出口浓度也可以默认为吸收塔进口浓度保持不变，只测量出口浓度。）

⑥ 流量调节：调节水流量（建议按 210L/h、300L/h、450L/h、650 L/h 水量调节），待数据稳定后，点击"数据采集"，记录每个流量下的数据。

⑦ 关闭 DV02 电磁阀，关小阀 VA07 至 FI04 流量 230L/h，其余保持不变。

（3）解吸实验

① 界面切换至解吸实验，在吸收实验操作的基础上，调节流量计 FI06 至风量 $0.2m^3/h$。

② 启动解吸液泵 P02，开启阀 VA08，调节 FI05 流量至 200L/h。解吸塔底部出液进入解吸塔塔底罐。

③ 点击 DV04（解吸塔进口浓度测量口电磁阀），稳定一段时间后关闭 DV04；打开

DV03（解吸塔出口浓度测量口电磁阀），稳定后，点击数据记录。

④ 流量调节：调节空气流量（建议按 $0.2m^3/h$、$0.4m^3/h$、$0.6m^3/h$、$0.8m^3/h$、$1m^3/h$ 风量调节），待数据稳定后，点击"数据采集"，记录每个流量下的数据（注意每次要等待检测数据稳定后再采集数据）。

⑤ 关闭电磁阀 DV03，将 FI06 流量调节至与吸收塔进气流量 FI02 一致，即 $0.5m^3/h$。

（4）吸收与解吸联合操作实验

① 实验界面切换至吸收与解吸联合操作，调节进吸收塔吸收剂 FI04 流量与进解吸塔解吸剂 FI05 流量为 $200m^3/h$。

② 点击 DV01，数据稳定后点击 DV02，数据稳定后点击 DV04，数据稳定后点击 DV03，数据稳定后，点击"数据采集"，然后关闭 DV03。

3. 停车

实验完成后，关闭进水阀 VA09，关闭 CO_2 钢瓶总阀，待 CO_2 流量计 FI01 无示数，关闭减压阀，关闭解吸液泵 P02、吸收液泵 P03、旋涡气泵 P01，关闭总水阀、总电源。

六、注意事项

1. 在启动旋涡气泵前，确保旋涡气泵旁路阀处于打开状态，防止旋涡气泵因憋压而剧烈升温。

2. 因为泵是机械密封，必须在泵有水时使用，若泵内无水空转，易造成机械密封件升温损坏而导致密封不严，需专业厂家更换机械密封。因此，严禁泵内无水空转！

3. 二氧化碳吸收、解吸设备长期不用时，应将设备内水放净。

4. 严禁学生打开设备电柜，以免发生触电。

七、实验记录及数据处理

1. 根据实验数据画出干塔和湿塔填料层的 $\Delta p/Z\text{-}u$ 关系图，确定液泛速度。

2. 计算以 ΔY（或 ΔX）为推动力的总体积吸收系数 $K_Y a$（或 $K_X a$）的值。

八、思考题

1. 测定填料塔中的 $\Delta p/Z\text{-}u$ 关系曲线有什么实际意义？

2. 对 CO_2 吸收、解吸的实验数据进行分析，你认为水吸收空气中的 CO_2 属于气膜控制还是液膜控制？

3. 填料吸收塔塔底为什么必须有液封装置，液封装置是如何设计的？

实验 4.7 干燥速率曲线测定实验

一、实验目的

1. 掌握干燥曲线和干燥速率曲线的测定方法。

2. 学习物料临界含水量的测定方法。

3. 加深对物料临界含水量的概念及其影响因素的理解。

4. 学习恒速干燥阶段物料与空气之间对流传热系数的测定方法。

二、实验内容

1. 在某固定空气流量和空气温度下测量一种物料的干燥曲线、干燥速率曲线和临界含水量。

2. 测定恒速干燥阶段物料与空气之间的对流传热系数。

3. 改变空气温度或改变风量重复上述实验，测定物料干燥曲线、干燥速率曲线、临界含水量、对流传热系数等数据。

三、实验原理

当湿物料与干燥介质接触时，物料表面的水分开始汽化，并向周围介质传递。根据干燥过程中不同阶段的特点，干燥过程可分为两个阶段。

第一阶段为恒速干燥阶段。在过程开始时，由于整个物料的湿含量较大，其内部的水分能迅速地达到物料表面，因此，干燥速率为物料表面上水分的汽化速率所控制，故此阶段亦称为表面汽化控制阶段。在此阶段，干燥介质传给物料的热量全部用于水分的汽化，物料表面的温度维持恒定（等于热空气湿球温度），物料表面的水蒸气分压也维持恒定，故干燥速率恒定不变。

第二阶段为降速干燥阶段。当物料被干燥达到临界湿含量后，便进入降速干燥阶段。此时，物料中所含水分较少，水分自物料内部向表面传递的速率低于物料表面水分的汽化速率，干燥速率为水分在物料内部的传递速率所控制，故此阶段亦称为内部迁移控制阶段。随着物料湿含量逐渐降低，物料内部水分的迁移速率也逐渐减小，故干燥速率不断下降。

恒速干燥阶段的干燥速率和临界水含量的影响因素有：固体物料的种类和性质；固体物料层的厚度和颗粒大小；空气的温度、湿度和流速；空气与固体物料间的相对运动方式。

恒速干燥阶段的干燥速率和临界含水量是过程研究和干燥器设计的重要数据。本实验在恒定干燥条件下对某种物料进行干燥，测定干燥曲线和干燥速率曲线。

1. 干燥速率

$$U = \frac{\mathrm{d}W}{S\mathrm{d}\tau} \approx \frac{\Delta W}{S\Delta\tau} \tag{4-38}$$

式中　U——干燥速率，$\mathrm{kg/(m^2 \cdot h)}$；

　　　S——干燥面积（实验室现场提供），$\mathrm{m^2}$；

　　$\Delta\tau$——时间间隔，h；

　　ΔW——$\Delta\tau$ 时间间隔内干燥汽化的水分量，kg。

2. 物料干基含水量

$$X = \frac{G - G_\mathrm{c}}{G_\mathrm{c}} \tag{4-39}$$

式中　X——物料干基含水量，kg（水）/kg（绝干物料）；

　　　G——固体湿物料的量，kg；

　　　G_c——绝干物料量，kg。

3. 恒速干燥阶段对流传热系数

$$U_c = \frac{dW}{Sd\tau} = \frac{dQ}{r_{t_w}Sd\tau} = \frac{\alpha(t-t_w)}{r_{t_w}}$$

$$\alpha = \frac{U_c r_{t_w}}{t-t_w} \tag{4-40}$$

式中 α——恒速干燥阶段物料表面与空气之间的对流传热系数，W/(m²·℃)；

U_c——恒速干燥阶段的干燥速率，kg/(m²·s)；

t_w——干燥器内空气的湿球温度，℃；

t——干燥器内空气的干球温度，℃；

r_{t_w}——t_w下水的汽化热，J/kg。

4. 干燥器内空气实际体积流量

由节流式流量计的流量公式和理想气体的状态方程式可推导出：

$$V_t = V_{t_0}\frac{273+t}{273+t_0} \tag{4-41}$$

式中 V_t——干燥器内空气实际流量，m³/s；

t_0——流量计处空气的温度，℃；

V_{t_0}——常压下 t_0 时空气的流量，m³/s；

t——干燥器内空气的温度，℃。

$$V_{t_0} = C_0 A_0 \sqrt{\frac{2\times\Delta p}{\rho}} \tag{4-42}$$

$$A_0 = \frac{\pi}{4}d_0^2 \tag{4-43}$$

式中 C_0——流量计流量系数，$C_0=0.65$；

d_0——节流孔开孔直径，$d_0=0.035\mathrm{m}$；

A_0——节流孔开孔面积，m²；

Δp——节流孔上下游两侧压力差，Pa；

ρ——孔板流量计处 t_0 时空气的密度，kg/m³。

四、实验装置与流程

（一）实验设备1

实验流程如图 4-20 所示。空气由鼓风机送入干燥器。空气的流量可由装设在导管上的孔板流量计测定，孔板两侧的压差由 U 形管压差计指示。空气流量可根据实际情况灵活地运用调节阀1、11 和 12 来调节。空气由电热管式加热器加热和控温。

空气的湿度由装在干燥器中的干、湿球温度计测量。用天平对湿物料进行称重，用秒表测量干燥时间。

（二）实验设备2

洞道干燥实验设备 2 流程图与控制面板图如图 4-21、图 4-22 所示。实验装置详细配置清单如表 4-4 所示。

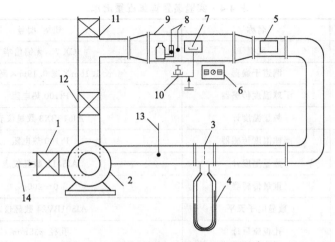

图 4-20　洞道干燥实验设备 1 流程示意图

1—新鲜空气流量调节阀；2—鼓风机；3—孔板流量计；4—U 形管压差计；5—电热管式加热器；6—空气
温度控制装置；7—物料托盘；8—干、湿球温度计；9—洞道干燥器（主体装置）；10—天平；11—放空
废气流量调节阀；12—循环废气流量调节阀；13—温度计（测 t_0）；14—空气进口流量调节阀

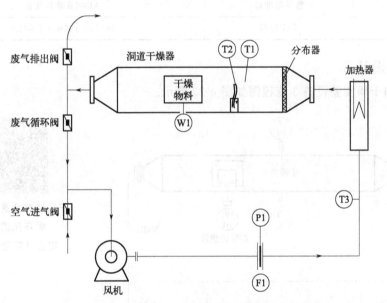

图 4-21　洞道干燥实验设备 2 流程示意图

W1—重量传感器；T1—干球温度计；T2—湿球温度计；T3—空气进口温度计；
F1—孔板流量计；P1—差压传感器

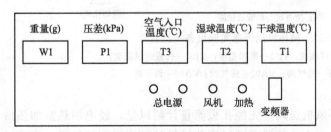

图 4-22　洞道干燥实验设备 2 控制面板图

表 4-4　实验装置详细配置清单

序号	位号	名称	规格、型号
1		风机	CX-75,无锡信华
2		洞道干燥器	长 1.16m×宽 0.19m×高 0.24m
3	T1	干球温度传感器	Pt100 热电阻
4		数显温度计	AI519BX3 数显仪表
5	T2	湿球温度传感器	Pt100 热电阻
6		数显温度计	AI501B 数显仪表
7	W1	重量传感器	0~200g
8		数显电子天平	AI501BV24 数显仪表
9	F1	孔板流量计	孔径 φ35mm
10	P1	差压传感器	SM9320DP,0~10kPa
11		数显压差计	AI501BV24 数显仪表
12	T3	温度传感器	Pt100 热电阻
13		数显温度计	AI501B 数显仪表
14		干燥物料	帆布,0.165m×0.081m

（三）实验设备 3

循环风洞干燥实验设备 3 流程图如图 4-23 所示。

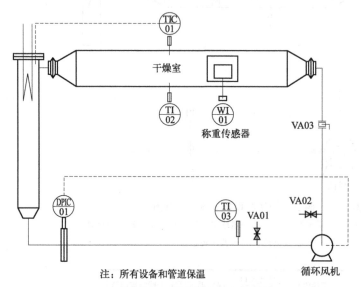

干燥速率曲线测定——
循环风洞干燥
实验（实验设备 3）

图 4-23　循环风洞干燥实验设备 3 流程图
TIC01—干球温度；TI02—湿球温度；TI03—孔板进风温度；
VA01—出气阀；VA02—进气阀；VA03—调节阀

　　本装置由循环风机送风，先经孔板流量计测风量，经电加热室加热后，流入干燥室，经过流量调节手阀（本实验装置可通过调节风机的频率来调节风量，实验时蝶阀处于 4/5 开状态），流入风机进口，形成循环风洞干燥。

五、实验步骤

（一）实验设备 1

① 检查湿球温度计能否正常工作。（实验开始时，湿球与水面的高度差不宜大于 18mm。）

② 将新鲜空气流量调节阀调至全开位置后，开动鼓风机。

③ 接通电源，调节调压变压器，加热空气，根据规定的操作条件调整控温和调节流量。当干燥器内的干球温度达到所要求值同时湿球温度计的读数也恒定不变时，可认为干燥器内已达到稳定状态。

④ 首先在实验条件下称取托盘和支架的重量，然后将干燥器内的托盘取出，将水含量适度的被干燥物料均匀地放在盘上，再将装有物料的托盘放入干燥器内，与气流平行放置，以进行干燥。若开始时被干燥物料湿含量过大，恒速干燥阶段时间会过长；若开始时物料湿含量过小，则有可能不出现恒速干燥阶段。

⑤ 在稳定操作条件下，记下空气干、湿球温度和空气流量计的读数，然后连续地记录被测物料质量每减轻 1g 所经历的时间 $\Delta\tau$ 和物料的表面状况。当转入降速干燥阶段时，可改为记录每减轻 0.5g 经历的时间 $\Delta\tau$，一直到物料接近平衡状况为止。若发现湿球温度有明显变化，则应适当减少废气循环量以维持恒定的干燥条件。

⑥ 实验结束时，立即记录被干燥终了物料的质量 G_2，并用水分快速测定仪测定含水率，以便测定绝对干物料量 G_c。

（二）实验设备 2

① 将干燥物料（帆布）放入水中浸湿，将放湿球温度计纱布的烧杯装满水。

② 调节空气进气阀到全开的位置后启动风机。

③ 通过废气排出阀和废气循环阀调节空气到指定流量后，开启加热电源。在智能仪表中设定干球温度，仪表自动调节到指定的温度。

④ 在空气温度、流量稳定条件下，读取重量传感器测定支架的重量并记录下来。

⑤ 把充分浸湿的干燥物料（帆布）固定在重量传感器 W1 上并与气流平行放置。

⑥ 在系统稳定状况下，记录每隔 3min 干燥物料减轻的重量，直至干燥物料的重量不再明显减轻为止。

⑦ 改变空气流量和空气温度，重复上述实验步骤并记录相关数据。

⑧ 实验结束时，先关闭加热电源，待干球温度降至常温后关闭风机电源和总电源。一切复原。

（三）实验设备 3

① 称量干燥物料质量，并记录绝干质量，将待干燥物料浸水，使试样含有水分 70～100g（不能滴水），以备干燥实验用。

② 检查风机进出口放空阀是否处于开启状态，往湿球温度计中加水。

③ 检查电源连接，开启控制柜总电源。通过一体机触摸屏，启动风机开关，调节频率，使仪表达到预定的风量值，一般风量调节到 360m³/h。

④ 风速调好后，输入控制温度 90℃。温控器开始自动控制电热丝的电流进行自动控温，逐渐达到设定温度。

⑤ 当温度到设定温度后，称重示数归零，然后设置每次减去水分的质量（g），一般为 3g。

⑥ 将试样放入干燥室架子上（注意：重量传感器的量程是 0～1000g，如果超出会损坏重量传感器），开始记录数据，当试样干燥时间超过 6min 时，可以认为实验结束，停止记录，导出数据（要求采用 USB3.0 以上的数据接口进行导出）。

⑦ 取出被干燥的试样，关闭加热开关。当干球温度 TIC01 降到 50℃ 以下时，关闭风机的开关，关闭仪表上电开关。

六、注意事项

（一）实验设备 1

（1）在称量时，一定要注意不能使天平杆与干燥器的器壁接触，否则影响数据准确性。

（2）实验时，先启动鼓风机向系统送风，然后再通电加热，以免烧坏加热器。

（二）实验设备 2

（1）重量传感器的量程为 0～200g，精度比较高，所以在放置干燥物料时务必轻拿轻放，以免损坏或降低重量传感器的灵敏度。

（2）当干燥器内有空气流过时才能开启加热装置，以避免干烧损坏加热器。实验结束后，必须待温度下降后再关闭风机，否则电热管容易烧坏，最后关闭电源开关。

（3）干燥物料要保证充分浸湿但不能有水滴滴下，否则将影响实验数据的准确性。

（4）实验进行中不要改变智能仪表的设置。

（三）实验设备 3

（1）实验前务必检查湿球温度测量装置，保证有机玻璃管水位淹没棉线。

（2）开加热电压前必须开启风机，关闭风机前必须先关闭电加热。

（3）干球温度一般控制在 80～95℃ 之间。

（4）放物料时，需戴隔热手套以免烫手。放物料时检查物料是否与风向平行。

（5）干球温度 TIC01 降到 50℃ 以下时，方可关闭风机的开关。

七、实验记录及数据处理

1. 绘制干燥曲线和干燥速率曲线，并确定恒定干燥速率、临界含水量、平衡含水量。

2. 计算恒速干燥阶段物料与空气之间的对流传热系数。

八、思考题

1. 分析空气流量或温度对恒定干燥速率、临界含水量的影响。

2. 测定干燥速率的意义是什么？试分析恒速干燥阶段和降速干燥阶段干燥速率各与哪些因素有关。

3. 当其他条件不变时，湿物料最初的含水量对干燥速率曲线有何影响？为什么？

4. 如何根据干燥速率曲线分析物料含水性质？

5. 在干燥操作中为什么有部分空气循环使用？

实验 4.8　液-液萃取实验

一、实验目的

萃取实验装置

1. 熟悉转盘式萃取塔的结构、流程及各部件的结构作用。
2. 了解萃取塔的正确操作。
3. 测定转速对分离提纯效果的影响，并计算出传质单元高度。

二、实验内容

1. 通过实体装置，认识仪器各部件与结构，了解设备运行流程。
2. 通过实验操作，观察不同搅拌转速时，塔内液滴变化情况和流动状态。
3. 固定两相流量，测定不同搅拌转速时的传质单元数 N_{OR}、传质单元高度 H_{OR} 及总传质系数 $K_Y a$。

三、实验原理

萃取常用于分离提纯液-液溶液或乳浊液，特别是植物浸提液的纯化。虽然蒸馏也是分离液-液体系，但和萃取的原理是完全不同的。萃取原理类似于吸收，技术原理均是根据溶质在两相中溶解度的不同进行分离操作，都是相间传质过程，吸收剂、萃取剂都可以回收再利用。但萃取又不同于吸收，吸收中两相密度差别大，只需逆流接触而无需外能；萃取两相密度小，界面张力差也不大，需搅拌、脉动、振动等外加能量。另外萃取分散的两相分层分离的能力也不强，萃取需足够大的分层空间。

萃取是重要的化工单元过程。萃取工艺成本低廉，应用前景良好。学术上主要研究萃取剂的合成与选取，萃取过程的强化等课题。为了获得高的萃取效率，无论对萃取设备的设计还是操作，工程技术人员必须有全面深刻的了解和行之有效的方法。可以通过本实验进行这方面的训练。本实验是通过用水对白油中的苯甲酸萃取进行的验证性实验。

塔式萃取设备，其计算和气液传质设备一样，要求确定塔径和塔高两个基本尺寸。塔径的尺寸取决于两液相的流量及适宜的操作速度，从而确定设备的产能；而塔高的尺寸则取决于分离浓度要求及分离的难易程度。本实验装置属于塔式微分设备，其计算采用传质单元法，与吸收操作中填料层高度的计算方法相似，计算萃取段的有效高度。

假设：① B 和 S 完全不互溶，浓度 X 用质量比计算比较方便。

② 溶质组成较稀时，体积传质系数 $K_x a$ 在整个萃取段约等于常数。

$$h = \frac{B}{K_x a \Omega} \int_{x_R}^{x_F} \frac{dX}{X - X^*}$$

$$h = H_{OR} N_{OR}$$

式中　h——萃取段有效高度，m，本实验 $h = 0.65$m；

　　　H_{OR}——传质单元高度，m；

　　　N_{OR}——传质单元数。

传质单元数 N_{OR}，在平衡线和操作线均可看作直线的情况下，仍可采用平均推动力法进行计算，计算分解示意图如图 4-24 所示。

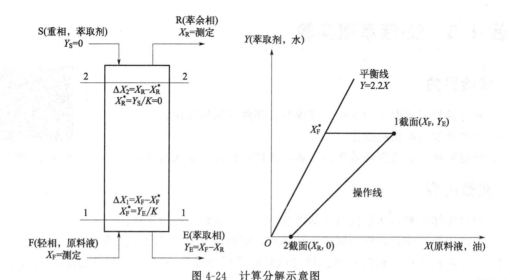

图 4-24　计算分解示意图

计算式为：

$$\Delta X = X_F - X_R$$

$$N_{OR} = \frac{\Delta X}{\Delta X_m} \quad \Delta X_m = \frac{\Delta X_1 - \Delta X_2}{\ln \dfrac{\Delta X_1}{\Delta X_2}} \quad \begin{array}{l} \Delta X_1 = X_F - X_F^* \\ \Delta X_2 = X_R - X_R^* \end{array}$$

上式中 X_F、X_R 可以实际测得，而平衡组成 X^* 可根据分配曲线计算：

$$X_R^* = \frac{Y_S}{K} = \frac{0}{k} = 0 \quad X_F^* = \frac{Y_E}{K}$$

Y_E 为出塔萃取相中的质量比，可以实验测得或根据物料衡算得到。

根据以上计算，即可获得在该实验条件下的实际传质单元高度。然后，可以通过改变实验条件进行不同条件下的传质单元高度计算，以比较其影响。

为使以上计算过程更清晰，需要说明以下几个问题。

（1）物料流计算

根据全塔物料衡算

$$F + S = R + E$$

$$FX_F + SY_S = RX_R + EY_E$$

本实验中，为了让原料液 F 和萃取剂 S 在整个塔内维持在两相区（图 4-25 中的合点 M 维持在两相区），也为了计算和操作更加直观方便，取 $F = S$。又由于溶质含量非常低，因此得到 $F = S = R = E$。

$$X_F + Y_S = X_R + Y_E$$

本实验中 $Y_S = 0$

$$X_F = X_R + Y_E$$

$$Y_E = X_F - X_R$$

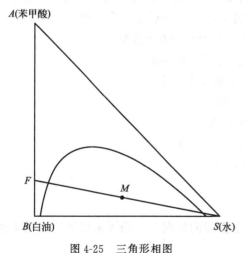

图 4-25　三角形相图

只要测得原料白油的 X_F 和萃余相的 X_R，即可根据物料衡算计算出萃取相的 Y_E。

（2）转子流量计校正

本实验中用到的转子流量计是以水在 20℃、1atm 下进行标定的，实验也是在接近常温和常压下进行的，因此温度和压力对不可压缩流体的密度影响很微小，刻度校正可忽略。但如果用于测量白油，因其与水在同等条件下密度相差很大，则必须进行刻度校正，否则会给实验结果带来很大误差。

根据转子流量计校正公式：

$$\frac{q_1}{q_0} = \sqrt{\frac{\rho_0(\rho_f - \rho_1)}{\rho_1(\rho_f - \rho_0)}} = \sqrt{\frac{1000 \times (7920 - 800)}{800 \times (7920 - 1000)}} = 1.134$$

式中　q_1——实际体积流量，L/h；

　　　q_0——刻度读数流量，L/h；

　　　ρ_1——实际油密度，kg/m^3，本实验中为 $800kg/m^3$；

　　　ρ_0——标定水密度，kg/m^3，取 $1000kg/m^3$；

　　　ρ_f——不锈钢金属转子密度，kg/m^3，取 $7920kg/m^3$。

本实验测定，以水流量为基准，转子流量计读数取 $q_S = 10L/h$，则

$$S = q_S \rho_{水} = 10/1000 \times 1000 = 10(kg/h)$$

由于 $F = S$，有 $F = 10kg/h$，则

$$q_F = F/\rho_{油} = 10/800 \times 1000 = 12.5(L/h)$$

根据上推导计算出的转子流量计校正公式，实际油流量 $q_1 = q_F = 12.5L/h$，则刻度读数值应为：

$$q_0 = q_1/1.134 = 12.5/1.134 = 11(L/h)$$

即在本实验中，若使萃取剂（水）流量 $q_S = 10L/h$，则必须保持原料油转子流量计读数 $q_0 = 11L/h$，才能保证质量流量 F 与 S 的一致。

（3）物质的量浓度 c 的测定

取原料油（或萃余相油）25mL，以酚酞为指示剂，用配制好的浓度 c_{NaOH} 约为 $0.1mol/L$ NaOH 标准溶液进行滴定，测出 NaOH 标准溶液用量 V_{NaOH}，则有：

$$c_F = \frac{V_{NaOH}/1000 \times c_{NaOH}}{0.025}(mol/L)$$

同理可测出 c_R。

（4）物质的量浓度 c 与质量比 $X(Y)$ 的换算

质量比 $X(Y)$ 与质量浓度 $x(y)$ 的区别：

$$X = \frac{溶质质量}{溶剂质量} \qquad x = \frac{溶质质量}{溶质质量 + 溶剂质量}$$

本实验因为溶质含量很低，且以溶剂不损耗为计算基准更科学，因此采用质量比 X 而不采用 x。

$$X_R = c_R M_A/\rho_{油} = c_R \times 122/800(122 \text{为苯甲酸的分子量})$$

$$X_F = c_F M_A/\rho_{油} = c_F \times 122/800$$

$$Y_E = X_F - X_R$$

（5）萃取率的计算

$$\eta = \frac{X_F - X_R}{X_F} \times 100\%$$

四、实验装置与流程

（一）流程描述

萃取剂和原料液分别加入萃取剂罐和原料液罐，经磁力泵输送至萃取塔中，电机驱动萃取塔内转动盘转动进行萃取实验，电机转速可调，油相从上法兰处溢流至萃余相罐，实验中，从取样阀 VA06 取萃余相样品进行分析，从取样阀 VA04 取原料液样品进行分析。

（二）实验装置（图 4-26）

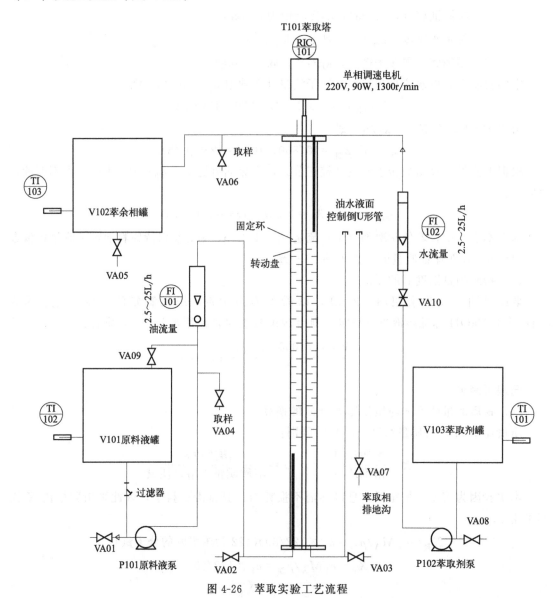

图 4-26　萃取实验工艺流程

萃取剂：萃取剂罐→水泵→流量计→塔上部→塔下部→油水液面控制管→地沟。

原料液：原料液罐→油泵→流量计→塔下部→塔上部→萃余相罐→原料液罐。

（三）设备参数

塔内径 $D=84mm$，塔总高 $H=1300mm$，有效高度 650mm；塔内采用环形固定环 14 个和圆形转盘 12 个（顺序从上到下为 1，2，…，12），盘间距 50mm。塔顶、塔底分离空间均为 250mm。

循环泵：15W 磁力循环泵。

原料液罐、萃取剂罐、萃余相罐：$\varphi290mm×400mm$，约 25L，不锈钢槽 3 个。

调速电机：90W，0～1300r/min 无级调速。

流量计：量程 2.5～25L/h。

五、操作步骤

1. 开车准备阶段

① 灌塔 T101。在萃取剂罐 V103 中倒入蒸馏水，打开萃取剂泵 P102，打开进塔水流量计 FI102 向塔内灌水，塔内水上升到第一个固定盘与法兰约中间位置即可，关闭进水阀。

② 配原料液。在原料液罐中先加白油至 3/4 处，再加苯甲酸配制成约 0.01mol/L 的原料液（配比约为每 1L 白油需要 1.22g 苯甲酸），此时可分析出大致原料浓度，后续可通过酸碱滴定原料液，分析原料液较准确的苯甲酸浓度。注意苯甲酸要提前溶解在白油中，搅拌溶解后再加入原料液罐，防止未溶解的苯甲酸堵塞原料液罐罐底过滤器。

1% 的酚酞乙醇溶液的配制：称取 1g 的酚酞，用无水乙醇溶解并稀释至 100mL。

0.1mol/L 氢氧化钠溶液的配制：称取 1g 的氢氧化钠溶于 25mL 的无水乙醇中，后定容至 250mL。

③ 开启原料液泵 P101、调节阀 VA09，排出管内气体，使原料液能顺利进入塔内，然后半开 VA09。

④ 开启转盘电机，建议转速在 200r/min 左右（具体转速可由用户根据实际情况确定）。

2. 实验阶段（保持流量一定，改变转速）

① 保持一定转速，开启水阀 VA10，设一定值（如 10L/h），再开启进料流量计 FI101 并维持一定值（如 11L/h）。注意转子流量计使用过程中有流量指示逐渐减小情况，注意观察流量，及时手动调节至目标流量。

② 调节油水分界面调节阀 VA07，使阀门全开，观察塔顶油-水分界面，并维持分界面在第一个固定盘与法兰约中间位置，最后水流量也应该稳定在和进口水相同流量的状态。（油水分界面应在最上固定盘上玻璃管段约中间位置，可微调 VA07，维持界面位置，界面的偏移对实验结果没有影响。）

③ 一定时间后（稳定时间约 10min），取原料液和萃余相（产品白油）25mL 进行分析。[本实验替代时间的计算：设分界面在第一个固定盘与法兰中间位置，则油的塔内存储体积是 $(0.084/2)^2×3.14×0.125=0.7L$，流量按 11L/h，替换时间为 $0.7/11×60=3.8min$。根据稳定时间=3×替代时间设计，因此稳定时间约为 11min。]

④ 改变转速为 400r/min、600r/min（建议值）等，重复以上操作，并记录下相应的转速与出口组成分析数据。

3. 观察液泛

将转速调到约 1000r/min，外加能量过大，观察塔内现象。油与水乳化强烈，油滴微小，使油浮力下降，油水分层程度降低，整个塔绝大部分处于乳化状态。此为塔不正常状态，应避免。

4. 停车

① 实验完毕，关闭进料流量计 FI101，关闭原料液泵 P101，关闭调速电机，关闭流量计阀门，关闭水泵。

② 清理萃余相罐 V102、原料液罐 V101 中料液，以备下次实验用。

六、注意事项

1. 在启动加料泵前，必须保证原料罐内有原料液，长期使磁力泵空转会使磁力泵温度升高而损坏磁力泵。第一次运行磁力泵，须排除磁力泵内空气。若不进料时应及时关闭进料泵。

2. 严禁学生打开电柜，以免发生触电事故。

3. 塔釜出料操作时，应紧密观察塔顶分界面，防止分界面过高或过低。严禁无人看守塔釜放料操作。

4. 在冬季室内温度达到冰点时，设备内严禁存水。

5. 长期不用时，一定要排净油泵内的白油，泵内密封材料因为是橡胶类，被有机溶剂类（白油）长期浸泡会发生慢性溶解和浸胀，导致密封不严而发生泄漏。

七、实验记录及数据处理

1. 用数据表列出实验的全部数据，做 3 组以上不同转速下的实验，并以其中一组数据进行计算举例。

2. 对实验结果进行分析讨论，对不同转速下塔顶轻相浓度 X_R、塔底重相浓度 Y_E 及 K_Ya、N_{OE}、H_{OE} 的值进行比较，并加以讨论，画出传质单元高度与外加能量的关系图。

八、思考题

1. 操作温度对萃取分离效果有何影响？如何选择萃取操作的温度？

2. 增大溶剂比对萃取分离效果有何影响？有哪些不良影响？

3. 当萃余液含量一定时，溶质的分配系数对所需的溶剂量有何影响？

附：氢氧化钠溶液的标定

1. 0.01mol/L 氢氧化钠溶液的配制：粗称 0.4g NaOH 于干净的烧杯中，加新煮沸放冷的蒸馏水搅拌、溶解并稀释至 1000mL 容量瓶中。

2. 0.01mol/L 氢氧化钠溶液的标定：取在 105～110℃ 干燥至恒重的基准邻苯二甲酸氢钾试剂约 0.3g，精密称量（精确至万分位），置于 250mL 锥形瓶中。加入 50mL 蒸馏水，振摇使之完全溶解，加入 10g/L 酚酞指示剂 2 滴，用已配制好的浓度约为 0.01mol/L NaOH 标准溶液滴定至溶液由无色变为红色（30s 不褪色），即为终点。同时做空白实验。

0.01mol/L 氢氧化钠溶液的准确浓度为：

$$c_{\text{NaOH}}=\frac{m\times 1000}{(V_1-V_0)\times 0.2042}(\text{mol/L})$$

式中　m——邻苯二甲酸氢钾的质量；

V_1——滴定邻苯二甲酸氢钾消耗的氢氧化钠的体积；

V_0——空白实验消耗的氢氧化钠的体积。

第 5 章
演示实验和标定实验

实验 5.1 雷诺实验

一、实验目的

1. 了解管内流体质点的运动方式与规律，认识不同流体流动形态的特点，掌握判别流体流动类型的准则。

2. 观察流体在圆管内做稳定层流及湍流的流动形态，掌握圆管流态判别准则。

3. 学习应用无量纲参数进行实验研究的方法，并了解其实用意义。

二、实验内容

1. 以彩色墨水为示踪剂，观察圆直玻璃管内水为工作流体时，流体作层流、过渡流、湍流时的各种流动形态。

2. 观察流体在圆形直玻璃管内作层流流动的速度分布。

三、实验原理

流体在管道中流动，有两种不同的流动状态，其阻力性质也不同。在实验过程中，保持水箱的水位恒定。如果管路尾端阀门开启较小，在管路中就有稳定的平均流速，这时候开启带色水阀门，带色水就会与无色水在管路中沿轴线同步向前流动，带色水呈一条带色直线，其流动质点没有垂直于主流方向的横向运动，带色水线没有与周围的液体混杂，层次分明地在管路中流动，为层流运动。如果将尾端阀门逐渐开大，管路中的带色直线出现脉动，流体质点还没有出现相互交换的现象，流体的流动呈临界状态。如果继续开大尾端阀门，出现流动质点的横线脉动，使色线完全扩散与无色水混合，此时流体的流动状态为湍流。

雷诺数是判断流体流动类型的准数，一般认为，$Re \leqslant 2000$ 为层流，$Re \geqslant 4000$ 为湍流，$2000 < Re < 4000$ 为不稳定的过渡区。图 5-1 分别为层流、过渡流、湍流三种流体流动状态。

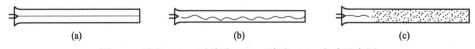

图 5-1 层流（a）、过渡流（b）、湍流（c）流动示意图

对于一定温度的液体，在特定的圆管内流动，雷诺数仅和流速有关。本实验是以水为介质，改变水在圆管内的流速，观察在不同雷诺数下流体流动类型的变化。

$$Re = \frac{du\rho}{\mu} = \frac{4q\rho}{\pi d\mu}$$

式中，d、ρ、μ 分别为管内径（单位为 m）、流体在测量温度下的密度（单位为 kg/m^3）和黏度（单位为 $Pa \cdot s$）。

本实验采用转子流量计直接测出流量 q（L/h）。

四、实验装置与流程

雷诺实验装置如图 5-2 所示。

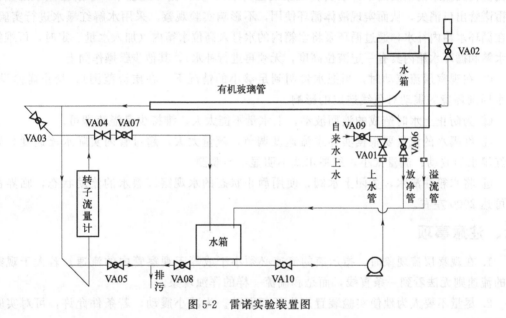

图 5-2　雷诺实验装置图

在 420mm×510mm×600mm 的有机玻璃溢流水箱内安装有一根内径为 25mm、长为 1200mm 的有机玻璃管，玻璃管进口做成喇叭状，可以保证水能平稳地流入有机玻璃管内。在进口端中心处插入注射针头，通过小橡皮管注入显色剂红墨水。自来水流入水箱内，超出溢流堰部分从溢流口排出，管内水的流速可由管路下游的阀门 VA04 控制。

实验自备消耗品：水和红墨水。

五、实验步骤

（1）检查阀门状态，确保所有阀门均处于关闭状态。

（2）开启进水阀（VA09）上水，待水淹没喇叭进口时，观察有机玻璃管两端及水箱两侧是否漏水。

（3）继续加水，至溢流管出现溢流，为保证水面稳定，关小阀门维持少量溢流即可（溢流越小越好）。

（4）打开排气阀（VA03），全开流量调节阀（VA04）和出水阀（VA07），将管路内气泡排出。

（5）关闭排气阀 VA03，将已配制好的 1∶1 的普通红墨水注入墨水储槽，调节阀门

（VA02）控制红墨水的流量。

（6）缓慢调节阀门 VA04，观察并记录红墨水随水流的不同流动状态及相应的流体流量大小，计算不同流动状态下的 Re。

（7）调节阀门（VA04）至流体流动状态为层流，关闭阀门 VA07，在喇叭口内注入大量红墨水，打开阀门 VA07 让水流动，通过观察红墨水的流动形状分析流体层流时的速度分布。将转子流量计流量调节到最大，方法同上，观测湍流时的速度分布。

（8）实验结束，打开阀门（VA03、VA04、VA05、VA08），将装置内部水排空。

（9）操作补充

① 本实验也可采用水解型红墨水，将水解红墨水与水按 1：50（体积）进行稀释（具体稀释比例视红墨水的性质而定，以实验现象最佳为准），实验循环过程中，水解红墨水的颜色会在雷诺管出口消失，从而实现液体循环使用，不影响实验观察。采用水解红墨水进行实验时，先在循环水箱内补水，通过循环泵将水箱内的水打入高位水箱内（加入水量一定时，可维持高位水箱和循环水箱内具有一定液位高度，无须再进行补水），其他步骤操作同上。

② 在观察层流流动时，当把水量调到足够小的情况下（在层流范围），禁止碰撞设备，减小周围环境的震动对色线造成的影响。

③ 为防止上水时造成的液面波动，上水量不能太大，维持少量溢流即可。

④ 红墨水的流量要根据实际水流速度调节，流量太大，超过管内实际水流速度容易造成红墨水的波动；流量太小，红墨水线不明显不易观测。

⑤ 将水箱注满水，关闭上水阀，使用静止状态的水观察红墨水的流动状态，临界雷诺数可达 2000 左右。

六、注意事项

1. 在观察层流现象时，指示液的流速必须小于或等于观察管内的流速。若大于观察管内的流速则无法看到一条直线，而是和湍流一样的浑浊现象。

2. 尽量不要人为地使实验装置产生任何震动。为减小震动，若条件允许，可对实验架进行固定。

3. 实验结束，清洗管路和墨水瓶内的红墨水，避免针头堵塞。长期不用时，将水放净。玻璃水箱打扫干净后，盖上水箱口以免灰尘落入。

4. 冬季室内温度达到冰点时，水箱内严禁存水。

七、思考与讨论

1. 若彩色墨水注入管不设在实验管中心，能得到实验预期的结果吗？

2. 如何计算某一流量下的雷诺数？用雷诺数判别流型的标准是什么？

3. 层流和湍流的本质区别在于流体质点的运动方式不同，试述两者的运动方式。

4. 解释"层流内层"和"湍流主体"的概念。

实验 5.2 流体机械能转化实验

一、实验目的

1. 了解流体在管内流动情况下，位能、动能、静压能之间相互转换的关系，加深对伯努利方程的理解。

2. 观察流体在流动过程中的能量损失现象。

二、实验内容

观察流动过程中，随着实验测试管路结构与水平位置的变化及流量的改变，静压与冲压头之间的变化情况，并找出其规律，以验证伯努利方程。

三、实验原理

在管内流动的流体均具有位能、静压能和动能，这三种能量是可以相互转换的。当管路条件改变时（如位置高低、管径大小），它们便会相互转化。

对实际流体来说，因为存在内摩擦，流动过程中会有一部分机械能因摩擦和碰撞而转化为热能。转化为热能的机械能，在管路中是不能恢复的，这样，对实际流体来说，两个截面上的机械能总和是不相等的，两者的差即为能量损失。

动能、位能、静压能三种机械能都可以用液柱高度来表示，分别称为位压头 H_z、动压头 H_w 和静压头 H_p。任意两个截面上，位压头、动压头、静压头三者总和之差即为损失压头 H_f。

四、实验装置与流程

实验装置与流程示意图如图 5-3 所示，实验测试导管的结构见图 5-4。实验测试导管、测压管均用玻璃制成便于观测。

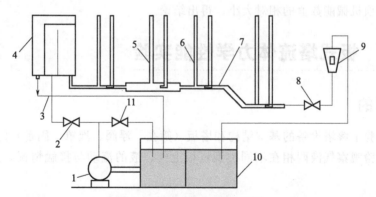

图 5-3　能量转换流程示意图

1—离心泵；2—调节阀；3—溢流；4—高位槽；5—静压头测量管；6—总压头测量管；7—实验测试管路；
8—流量调节阀；9—流量计；10—低位槽；11—回流阀

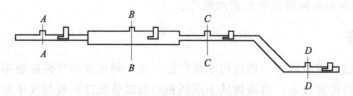

图 5-4　实验测试导管结构图

五、实验步骤

（1）在水槽中加入约 3/4 体积的蒸馏水，关闭离心泵出口流量调节阀、回流阀及实验流量调节阀，启动离心泵。

（2）将实验管路上的流量调节阀全开，逐步开大离心泵出口流量调节阀至高位槽溢流管有水溢流。

（3）流动稳定后读取 A、B、C、D 截面静压头和总压头的大小并记录数据。

（4）关小实验流量调节阀改变流量，重复上述步骤 6~8 次。

（5）关闭离心泵出口流量调节阀和回流阀后，关闭离心泵，实验结束。

六、注意事项

1. 不要将离心泵出口流量调节阀开得过大，以避免水从高位槽冲出和导致高位槽液面不稳定。

2. 流量调节阀须缓慢地关小，以免造成流量突然下降，使测压管中的水溢出。

3. 必须排除实验导管内的空气泡。

七、思考与讨论

1. 流体在管道中流动时涉及哪些能量？

2. 观察实验中如何测得某截面上的静压头和总压头，又如何得到某截面上的动压头？

3. 对于不可压缩流体在水平不等径管路中流动，流速与管径的关系如何？

4. 若两测压截面距基准面的高度不同，两截面的静压差仅是由流动阻力造成的吗？

5. 观察各项机械能数值的相对大小，得出结论。

实验 5.3　板式塔流体力学性能实验

一、实验目的

1. 通过实验了解塔设备的基本结构和塔板（筛孔、浮阀、泡罩、固舌）的基本结构。

2. 通过实验观察气液两相在不同类型塔板上气、液的流动与接触情况，加深对塔性能的理解。

二、实验内容

1. 通过冷模实验可以观察到实验塔内正常操作现象与几种不正常的操作现象，进行塔板压降的测量。

2. 通过实验测得每种塔板的负荷性能图。

三、实验原理

板式塔在精馏和吸收操作中的应用非常广泛，是一种重要的气液接触传质设备。板式塔为逐级接触的气液传质设备，当液体从上层塔板经溢流管流经塔板与气体形成错流通过塔板时，由于塔板上装有一定高度的堰，塔板上保持一定的液层，液体越过堰从降液管流到下层塔板。气体从下层塔板经筛孔或浮阀、泡罩齿缝等，上升穿过液层进行气液两相接触，然后与液体分开继续上升到上一层塔板。塔板是板式塔的核心部件，它决定了塔的基本性能，塔板传质的好坏很大程度取决于塔板上的流体力学状况。

（1）塔板上的气液两相接触状况

气液两相在塔板上的接触有三种状态：

① 鼓泡接触状态。当气体的速度较低时，气液两相呈鼓泡接触状态。塔板上存在明显的清液层，气体以气泡形态分散在清液层中间，气液两相在气泡表面进行传质。

② 泡沫接触状态。当气体速度较高时，气液两相呈泡沫接触状态，此时塔板上清液层明显变薄，只有在塔板表面处才能看到清液，清液层随气速增加而减少，塔板上存在大量泡沫，液体主要以不断更新的液膜形态存在于十分密集的泡沫之间，气液两相在液膜表面进行传质。

③ 喷射接触状态。当气体速度很高时，气液两相呈喷射接触状态，液体以不断更新的液滴形态分散在气相中间，气液两相在液滴表面进行传质。

（2）塔板上不正常的流动现象

① 漏液。当上升的气体速度很低时，气体通过塔板升气孔的动压力小于塔板上液层的重力，液体将从塔板的开孔处往下漏而出现漏液现象。

② 雾沫夹带。当上升的气体穿过塔板液层时，将板上的液滴裹挟到上一层塔板引起浓度返混的现象称为雾沫夹带。雾沫夹带通常是在高气速时产生的，和漏液现象一样，是无法避免的，但都不能太严重，工业设计往往以雾沫夹带率不超过 10％为上限。

③ 液泛。当塔板上液体量很大，上升气体速度很高，塔板压降很大时，液体来不及从溢流管向下流动，在塔板上不断积累，液层不断上升，使塔内整个塔板间都充满气液混合物，此现象称为液泛，也称淹塔。液泛完全破坏了气液的总体逆流操作，使塔失去分离效果。

四、实验装置与流程

实验装置与流程如图 5-5 所示。空气由旋涡气泵经过孔板流量计计量后输送到板式塔塔底，向上经过塔板后，从塔顶流出。液体由离心泵输送，经过转子流量计计量后由塔顶进入塔内并与空气进行接触，从塔底流回水箱。

塔体材料为有机玻璃，塔高 920mm，塔径 φ100mm×5.5mm，板间距 180mm。

孔板流量计流量公式为

$$Q = C_0 A_0 \sqrt{\frac{2\Delta p}{\rho}}$$

$$A_0 = \frac{\pi}{4} d_0^2$$

式中　Q——流量，m^3/s；

　　　C_0——孔板流量计孔流系数，$C_0 = 0.67$；

　　　d_0——孔板流量计孔径，17mm；

　　　Δp——孔板流量计前后压差，Pa。

五、实验步骤

（1）向水箱内灌满蒸馏水，将空气流量调节阀置于全开位置，关闭离心泵流量调节阀。

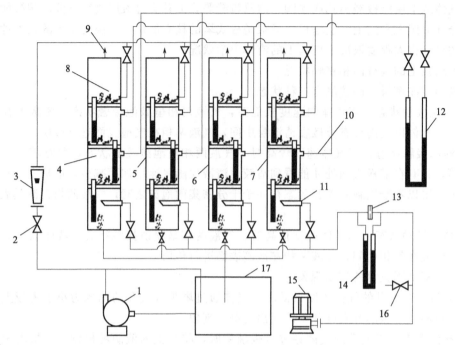

图 5-5 板式塔流体力学性能演示实验设备流程示意图

1—离心泵；2—水流量调节阀；3—转子流量计；4—固舌塔；5—泡罩塔；6—浮阀塔；7—筛板塔；8—进水口；
9—放空；10—测压口；11—进气口；12—U形管压差计；13—孔板流量计；14—U形管压差计；15—旋涡气泵；
16—空气流量调节阀；17—水槽

　　（2）启动旋涡气泵，向其中一个塔内通入空气，同时打开离心泵向该塔输送液体，改变不同的气液流量，观察塔板上的气液流动与接触状况，并记录塔压降、空气流量、液体流量。

　　（3）依次用同样的方法，测定与观察其他塔板的压降和气液流动与接触状况。

　　（4）实验结束时先关闭离心泵，待塔内液体大部分流到塔底时再关闭旋涡气泵。

六、注意事项

　　1. 为保护有机玻璃塔的透明度，实验用水必须采用蒸馏水。

　　2. 开车时先开旋涡气泵后开离心泵，停车反之，这样防止板式塔内的液体灌入旋涡气泵中。

　　3. 实验过程中每改变空气流量或水流量时，必须待其稳定后再观察现象和测取数据。

　　4. 若 U 形管压差计指示液面过高时将导压管取下用洗耳球吸出指示液。

　　5. 水箱必须充满水，否则空气压力过大时空气易走短路从水箱流出。

七、思考与讨论

　　1. 在板式塔中气、液两相的传质面积是否为固定不变？

　　2. 评价塔板性能都有哪些指标？

　　3. 讨论筛板、浮阀、泡罩、固舌等 4 种塔板各自的优缺点。

　　4. 由传质理论可知，流动过程中接触的两相湍动程度愈大，传质阻力就愈小，如何提高两相的湍流程度？湍流程度的提高受不受限制？

　　5. 在一定的气液流量下，找到其在负荷性能图中的工作点，并对其进行评价。

实验 5.4 边界层分离实验

一、实验目的

1. 观察流体流经固体壁面所产生的边界层及边界层分离现象。
2. 加深对边界层的感性认识。

二、实验内容

观察流体流经圆柱体壁面时边界层的形态及其变化情况。

三、实验原理

流体流经固体壁面或者固体在静止的流体中运动时，由于流体本身的黏性作用，在紧贴固体的壁面处，必然留有一层贴附固体壁面而停滞不动的流体，这层流体就称作边界层，边界层厚度虽然不大，但由于它不流动，因而对传热、传质等都有重要的影响。

流体流经平板形固体壁面时，若在层流的情况下，边界层的厚度随着距前沿距离的增加而增加，随流速的增大而减少。流体流经曲面时，除了有类似现象以外还会产生所谓边界层的分离现象，形成旋涡。列管式换热器壳层内流体流动就是这种情况的具体例子，边界层的存在可以解释管壁上各位置传热系数的差异。

四、实验装置

本实验装置由点光源、热模型和投影屏组成，如图 5-6 所示。

当热模型通电加热后，在它四周就产生自下而上的空气对流运动。因热模型的固体壁面与空气接触处存在着边界层，而边界层内空气几乎是不流动的，故其传热情况极差，致使层内温度远高于周围空气温度而接近于壁面温度，从而使边界层内的密度远小于周围空气的密度。

气体密度影响着气体对光的折射，折射率遵循下列关系：

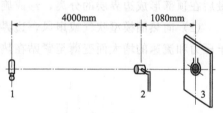

图 5-6 边界层实验装置图
1—点光源；2—热模型圆柱；3—投影屏

$$(n-1) \times \frac{1}{\rho} = 恒量$$

式中 n——气体折射率；
ρ——气体密度。

由于边界层内气体的密度与边界层外的气体密度不同，因而层内、外气体对光的折射率也不同，利用折射率的差异，可观察到边界层存在的实际情况。

从图 5-6 中可见，点光源的光线从离模型较远的地方射向模型。它以很小的入射角射入边界层，此时，如果边界层的空气和周围空气的折射率相同，则光线不产生偏折而投到 b 点，如图 5-7 所示。实际上由于边界层内气体温度远高于四周空气的温度，也就是边界层内气体密度小于四周空气的密度，从而使层内外的气体存在着不同的折射率。光线在通过边界层内的高温气体时就产生偏折，使出射角大于入射角，射出光线离开边界层时在产生一些偏折后投射到 a 点，a 点上原来已有背景的投入光再加上偏折光重叠，就使得 a 点特别明亮。无数环状亮点所组成的图形，反映出边界层的形状，反之，原投射点 b 点因得不到足够的入射光线而显得较暗，形成一个较暗的环圈。这个暗的环圈是边界层内高温空气因密度变化而引起光线的偏折现象所造成的，因此它就代表了边界层的形状。

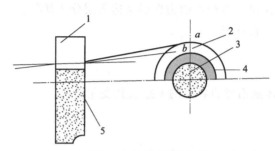

图 5-7　光线折射图

1—边界层；2—亮区；3—热模型投影；4—暗区；5—热模型

从这个实验中可以清楚地看到流体流经圆柱体壁面时所存在的边界层现象。从屏上可见，由于气体流动时的动压影响圆柱体底部的边界层最薄，往上边界层会逐渐加厚，在离开圆柱体顶上部时，产生边界层分离而形成旋涡，这种现象同人们平时见到的火焰形状类似。

五、实验步骤

（1）开启热固模型的电加热开关，对其加热 10～15min 后再开启光源，观察投影屏上的影像形状，如图 5-8 所示。由于上升气流的影响，底部边界层最薄，愈往上边界层愈厚，最后在顶部形成边界层的分离，形成旋涡。（如图像不清晰，可调整光源的位置和距离。）

（2）向热固模型吹气或扇风，边界层在外力的作用下如图 5-9 所示，迎风处的边界层由于压力和流速的增大而变薄至紧贴在热固模型壁面上，表示边界层厚度减薄。

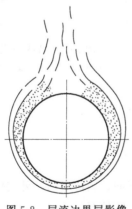

图 5-8　层流边界层影像

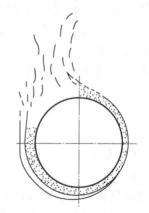

图 5-9　迎风一侧边界层减薄图

六、注意事项

实验过程中要尽可能地防止外部震动和气流扰动的发生，这些因素都会对实验结果产生不利影响。在操作时，需要精细耐心，遵循实验步骤，保证实验结果的可靠性。同时，在实验前需要仔细检查实验器材是否完好，并根据实验需求调整实验参数及装置，以确保实验的顺利进行。

七、思考与讨论

1. 边界层内外的流体流动状况如何？
2. 在本实验中影响边界层的最主要因素是什么？
3. 要减薄边界层的厚度，可采取哪些有效措施？

实验 5.5　测温仪表标定实验

一、实验目的

1. 了解热电偶温度计和热电阻温度计的结构及其原理。
2. 掌握温度测量仪表标定方法。

二、实验内容

用标准温度计对热电偶和热电阻测温仪表进行标定。

三、实验原理

热电偶测温的基本原理是热电效应。在由两种不同导体 A 和 B 所组成的闭合回路中，当 A 和 B 的两个接点处于不同温度 T 和 T_0 时，在回路中就会产生热电势 $E_{A,B}$ (T, T_0)。这就是所谓的塞贝克效应。导体 A 和 B 称为热电极。温度较高的一端 (T) 叫工作端（通常焊接在一起）；温度较低的一端 (T_0) 叫自由端（通常处于某个恒定的温度下）。根据热电势与温度的函数关系，可制成热电偶分度表。分度表是在自由端温度 $T_0 = 0℃$ 的条件下得到的。不同的热电偶具有不同的分度表。

热电阻的测温原理与热电偶不同，热电阻是基于电阻的热效应来测量温度的，即电阻的阻值随温度的变化而变化。因此，只需测量热敏电阻的阻值变化就可以测量温度。

目前主要有金属热电阻和半导体热敏电阻两类。

金属热电阻的电阻值和温度一般可以用下面的近似关系式表示：

$$R_T = R_{T_0} [1 + \alpha(T - T_0)]$$
$$\Delta R_T = \alpha R_0 (T - T_0)$$

式中　R_T——温度 T 时的电阻值，Ω；

R_{T_0}——温度 T_0（通常 $T_0 = 0℃$）时对应电阻值，Ω；

α——电阻的温度系数，$℃^{-1}$；

ΔR_T——电阻值的变化量，Ω。

温度的变化导致了金属导体电阻的变化，只要设法测出电阻值的变化，就可达到测量温度的目的。

四、实验装置与流程

采用标准温度计标定热电偶的实验装置见图 5-10，标定热电阻的实验装置见图 5-11。

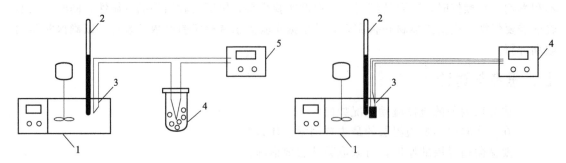

图 5-10　热电偶标定实验装置图　　　　图 5-11　热电阻标定实验装置图

1—超级恒温水浴；2—标准水银温度计；3—待标定热电偶；　1—超级恒温水浴；2—待测热电阻；3—标准水银温度计；

4—冰桶；5—数字电压表　　　　　　　　　　4—电阻测量仪表

五、实验步骤

（1）热电偶标定实验

① 开启超级恒温水浴上的电源开关、搅拌电动机开关和电加热开关调节器，设定超级恒温水浴的温度为标定温度范围的最低值。

② 将使用温度与超级恒温水浴的设定温度相适宜的标准水银温度计和被标定的热电偶绑在一起，使热电偶的热端与标准温度计的感温端紧密接触。

③ 将标准水银温度计和被标定的热电偶放进超级恒温水浴中，待超级恒温水浴温度和热电偶输出热电势均恒定后，记录温度和热电势。

④ 改变超级恒温水浴的设定温度，待温度恒定后记录温度和热电势，获得热电偶标定曲线。

⑤ 实验结束，一切复原。

（2）热电阻标定实验

① 开启超级恒温水浴上的电源开关、搅拌电动机开关和电加热开关调节器，设定超级恒温水浴的温度为标定温度范围的最低值。

② 将使用温度与超级恒温水浴的设定温度相适宜的标准水银温度计和被标定的热电阻绑在一起，使热电阻的热端与标准温度计的感温端紧密接触。

③ 将标准水银温度计和被标定的热电阻放进超级恒温水浴中，采用测量精度为 0.005Ω 的精密电阻测量仪表测定被标定热电阻的阻值，待超级恒温水浴温度和热电阻的阻值恒定后，记录温度和热电阻的阻值。

④ 改变超级恒温水浴的设定温度，待温度恒定后，记录温度和热电阻的阻值，获得热电阻阻值-温度标定曲线。

⑤ 实验结束，一切复原。

六、注意事项

1. 如所标定的温度范围较宽，一支标准温度计的使用量程将不能满足实验需要，要将几支量程不同的标准温度计联合使用，根据标定温度的变化，选用合适的标准温度计。

2. 当标定温度范围大于 95℃时，需要选用超级恒温油浴。

七、思考与讨论

1. 在测温仪表标定过程中，为什么要恒温一定时间才能读取数据？恒温时间应如何确定？

2. 如何标定测温仪表的动态特性？

实验 5.6　测压仪表标定实验

一、实验目的

掌握压力测量仪表的标定方法。

二、实验内容

用高精度等级压力表标定待标压力测量仪表。

三、实验原理

压力仪表的标定常采用比较法，即将被校验压力计和标准压力计通以相同的压力，比较两仪表的指示数值。如果被校验仪表对于标准仪表的读数误差，不大于被校验仪表规定的最大允许误差时，则认为该仪表合格。

四、实验装置

本实验采用高精度等级压力表标定待标压力测量仪表，实验装置如图 5-12 所示。

五、实验步骤

（1）打开空气压缩机，使气体进入缓冲罐，并注意观察压力表的读数，在稍超过待标定压力表的量程后，关闭空气压缩机。

（2）关闭进气阀，待缓冲罐内的压力逐渐稳定后，打开待标压力测量仪表和高精度压力表的测量阀，读取高精度压力表和待标定压力表读数。

（3）打开放空阀，逐渐降低缓冲罐内的压力，在适当的压力下再测量 1 组数据。

（4）重复步骤（3）直至得到标定所需的数据。比较待标定的压力表和高精度压力表的读数，作出校正曲线，供实际测量使用。

（5）结束实验，切断电源。

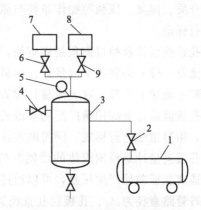

图 5-12　压力标定实验装置图
1—空气压缩机；2—进气阀；3—缓冲罐；4—放气阀；
5—压力表；6—测量阀；7—待标定压力表；
8—高精度压力表；9—测量阀

六、注意事项

一定要等到缓冲罐中压力稳定，压力表读数稳定后，再读数。

七、思考题与讨论

1. 压力表的标定方法有哪几种？
2. 如何测量压力表的回差？

实验 5.7 流量计标定实验

一、实验目的

1. 了解几种常用流量计的构造、工作原理和主要特点。
2. 掌握流量计的标定方法（例如体积法）。
3. 了解孔板流量计流量系数 C_0 随雷诺数 Re 的变化规律和流量系数 C_0 的确定方法。
4. 学习合理选择坐标系及合理分布实验点的方法。

二、实验内容

1. 测定孔板流量计的流量标定曲线（流量与仪表读数的关系曲线）。
2. 测定孔板流量计的临界雷诺数 Re_c 和流量系数 C_0。
3. 对测得的节流式流量计的流量系数 C_0 进行误差估算和分析。

三、实验原理

非标准化的各种流量仪表在出厂前都必须进行流量标定，建立流量刻度标尺（如转子流量计），给出孔流系数（如涡轮流量计）和校正曲线（如孔板流量计）。使用者在使用时，如工作介质、温度、压强等操作条件与原来标定时的条件不同，就需要根据现场情况，对流量计进行标定。

孔板流量计收缩面积是固定的，而流体通过收缩口的压降则随流量大小而变，据此来测量流量，称其为变压头流量计。而另一类流量计中，当流体通过时，压降不变，但收缩面积却随流量而改变，这类流量计称为变截面流量计，此类的典型代表是转子流量计。

孔板流量计是应用最广泛的节流式流量计之一，本实验采用自制的孔板流量计测定液体流量，用容量法进行标定，同时测定孔流系数与雷诺数的关系。

孔板流量计是根据流体的动能和势能相互转化原理而设计的，流体通过锐孔时流速增加，造成孔板前后产生压差，可以通过引压管在压差计上显示。其基本构造如图 5-13 所示。

若管路直径为 d_1、孔板锐孔直径为 d_0、流体流经孔板前后所形成的缩脉直径为 d_2、流体的密度为 ρ，则根据伯努利方程，在界面 1、2 处有：

$$\frac{u_2^2 - u_1^2}{2} = \frac{p_1 - p_2}{\rho} = \frac{\Delta p}{\rho} \tag{5-1}$$

或

$$\sqrt{u_2^2 - u_1^2} = \sqrt{2\Delta p / \rho} \tag{5-2}$$

由于缩脉位置随流速而变化，截面积 A_2 又难以知道，而孔板孔径的面积 A_0 是已知的，因此，用孔板孔径处流速 u_0 来替代上式中的 u_2，又考虑这种替代带来的误差以及实际流体局部阻力造成的能量损失，故需用校正系数 C 加以校正。式(5-2) 改写为

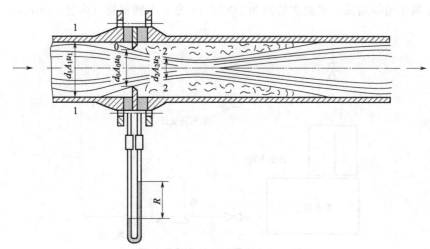

图 5-13 孔板流量计

$$\sqrt{u_0^2 - u_1^2} = C\sqrt{2\Delta p/\rho} \tag{5-3}$$

对于不可压缩流体，根据连续性方程可知 $u_1 = \dfrac{A_0}{A_1}u_0$，代入式(5-3)并整理可得

$$u_0 = \frac{C\sqrt{2\Delta p/\rho}}{\sqrt{1 - \left(\dfrac{A_0}{A_1}\right)^2}} \tag{5-4}$$

令 $$C_0 = \frac{C}{\sqrt{1 - \left(\dfrac{A_0}{A_1}\right)^2}} \tag{5-5}$$

则式(5-5)简化为 $$u_0 = C_0\sqrt{2\Delta p/\rho} \tag{5-6}$$

根据 u_0 和 A_0 即可计算出流体的体积流量：

$$V = u_0 A_0 = C_0 A_0 \sqrt{2\Delta p/\rho} \tag{5-7}$$

或 $$V = u_0 A_0 = C_0 A_0 \sqrt{2gR(\rho_i - \rho)/\rho} \tag{5-8}$$

式中　V——流体的体积流量，m^3/s；

　　　R——U 形管压差计的读数，m；

　　　ρ_i——压差计中指示液密度，kg/m^3；

　　　C_0——流量系数，无量纲。

C_0 由孔板锐口的形状、测压口位置、孔径与管径之比和雷诺数 Re 决定，具体数值由实验测定。当孔径与管径之比为一定值时，Re 超过某个数值后，接近常数。一般工业上生产使用的流量计，就是规定在为定值的流动条件下使用。C_0 值一般为 0.6～0.7。

孔板流量计安装时应在其上、下游各有一段直管段作为稳定段，上游长度至少应为 $10d_1$，下游为 $5d_2$。孔板流量计构造简单，制造和安装都很方便，其主要缺点是机械能损失大。由于机械能损失，下游速度复原后，压力不能恢复到孔板前的值，称为永久损失。d_0/d_1 的值越小，永久损失越大。

四、实验装置与流程

本实验的实验装置如图 5-14 所示。主要部分由循环水泵、流量计、倒置 U 形管压差计、温度计和水槽等组成，实验主管路为 DN15（4 分）不锈钢管（内径 15mm）。

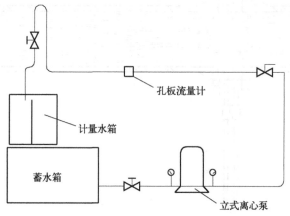

图 5-14　流量计校核实验示意图

五、实验步骤

（1）熟悉实验装置，了解各阀门的位置及作用。

（2）对装置中有关管道、导压管、压差计进行排气，使倒置 U 形管压差计处于工作状态。

（3）对应每一个阀门开度，用容积法测量流量，同时记下压差计的读数，按由小到大的顺序在小流量时测量 4~7 个点，大流量时测量 3~5 个点。为保证标定精度，最好再从大流量到小流量重复一次，然后取其平均值。

（4）测量流量时应保证每次测量中，计量水箱液位差不小于 100mm 或测量时间不少于 10s。

（5）主要计算过程如下：

① 根据体积法（秒表配合计量筒）算得流量 $V(\mathrm{m^3/h})$。

② 根据 $u = \dfrac{4V}{\pi d^2}$ 求得 u。

③ 读取流量 V（由闸阀开度调节）对应下的压差计高度差 R，根据 $u_0 = C_0 \sqrt{2\Delta p / \rho}$ 和 $\Delta p = \rho g R$，求得 C_0 值。

④ 根据 $Re = \dfrac{du\rho}{\mu}$，求得雷诺数，其中 d 取对应的 d_0 值。

⑤ 将实验数据和整理结果列在数据表格中，并以其中一组数据计算举例。

⑥ 在合适的坐标系上，标绘节流式流量计的流量 V 与压差 Δp 的关系曲线（即流量标定曲线）、流量系数 C_0 与雷诺准数 Re 的关系曲线。

六、注意事项

1. 用差压变送器测量时必须把倒置 U 形管压差计通取压口的阀门关闭。

2. 为了了解小雷诺数 Re 下的流量系数 C_0 与雷诺数 Re 的关系，要求在做小流量时尽量用倒置 U 形管压差计多测几组数据，流量计的压差计读数可小至 $20 \sim 30 \mathrm{mmH_2O}$（$1\mathrm{mmH_2O} = 9.80665\mathrm{Pa}$）。

七、思考与讨论

1. 为什么速度式流量计安装时，流量计前后要有一定的直管段？
2. C_0-Re 曲线为什么要用半对数坐标纸？
3. C_0 与 C 分别与哪些因素有关？
4. 测定数据前，如何检查系统排气是否完全？如何排气？
5. 标定流量的方法主要有几种，各有什么优缺点？

第6章

综合性实验

实验 6.1 流体力学综合测定实验

一、实验目的

1. 熟悉综合流体实验所用的设备、仪器仪表和工艺流程。

2. 了解并掌握流体流经直管阻力系数 λ 的测定方法及其变化规律,并将 λ 与 Re 的关系标绘在双对数坐标上。

3. 了解不同管径的直管 λ 与 Re 的关系。

4. 了解突缩管的局部阻力系数 ζ、阀门的局部阻力系数 ζ 与 Re 的关系。

5. 了解测定孔板流量计、文丘里流量计的流量系数 C_0、C_v 及永久压力损失的方法。

6. 了解测定单级离心泵在一定转速下的操作特性的方法,作出特性曲线。

7. 了解测定单级离心泵出口阀开度一定时管路性能曲线的方法。

8. 了解差压传感器、涡轮流量计的原理及应用方法。

二、实验内容

1. 测定流体流经直管路(相对光滑管、相对粗糙管)的阻力系数 λ,并将 λ 与 Re 标绘在双对数坐标上比较,观察其规律和异同。

2. 测定阀门管路和突缩管路的局部阻力系数 ζ,并将 ζ 与 Re 标绘在双对数坐标上观察其规律。

3. 测定离心泵的特性曲线,作出扬程 H、泵功率 N 及泵效率 η 图,观察其变化规律,解释离心泵的操作及设计点。

4. 测定高、低阻管路性能曲线并将泵的扬程线标在坐标图上,观察其规律,解释改变离心泵流量的方法及离心泵的操作点。

5. 孔板流量计以及文丘里流量计标定,测出孔流系数的变化规律。

三、实验原理

1. 管内流量及 Re 的测定

本实验采用涡轮流量计直接测出流量 $q(\mathrm{m}^3/\mathrm{h})$:

$$u = \frac{4q}{3600\pi d^2} \tag{6-1}$$

$$Re = \frac{du\rho}{\mu} \tag{6-2}$$

式中　d──管内径，m；

　　　ρ──流体在测量温度下的密度，kg/m^3；

　　　μ──流体在测量温度下的黏度，$Pa \cdot s$。

2. 直管摩擦阻力损失 h_f 及摩擦阻力系数 λ 的测定

流体在管路中流动，由于黏性剪应力的存在，不可避免会产生机械能损耗。根据范宁（Fanning）公式，流体在圆形直管内作稳定流动时的摩擦阻力损失为：

$$h_f = \frac{\Delta p}{\rho} = \lambda \frac{L}{d} \times \frac{u^2}{2} \tag{6-3}$$

由式(6-3) 可知摩擦阻力系数为：

$$\lambda = \frac{2d}{\rho L} \times \frac{\Delta p}{u^2} \tag{6-4}$$

式中　λ──直管摩擦阻力系数，无量纲；

　　　d──直管内径，m；

　　　Δp──直管阻力引起的压降，Pa；

　　　ρ──流体在测量温度下的密度，kg/m^3；

　　　L──直管两测压点间的距离，m；

　　　u──流速，m/s。

以上对摩擦阻力损失 h_f、摩擦阻力系数 λ 的测定方法适用于本实验的相对光滑管路、相对粗糙管路。

根据哈根-泊肃叶（Hagon-Poiseuille）公式

$$\Delta p_f = \frac{32\mu l u}{d^2} \tag{6-5}$$

流体在圆形直管内做层流流动时，摩擦阻力损失 h_f 为：

$$h_f = \frac{\Delta p}{\rho} = \frac{32\mu l u}{\rho d^2} \tag{6-6}$$

上式与范宁公式相比可得：

$$\lambda = \frac{64\mu}{du\rho} = \frac{64}{Re} \tag{6-7}$$

以上对阻力损失 h_f、摩擦阻力系数 λ 的测定方法适用于本实验的层流管路。

3. 局部摩擦阻力损失 h_f 及其局部阻力系数 ζ 的计算

流体流经阀门和管件时，由于流动方向以及流速大小发生变化，流动受到阻碍和干扰，会产生涡流，使摩擦阻力损失显著增大。这种由阀门和管件所产生的流体摩擦阻力损失称为局部摩擦阻力损失。

管路示意图如图 6-1 所示。设 $a \sim f$ 段总阻力损失为 $h'_{f_{a-f}}$，直管阻力损失为 $h_{f_{a-f}}$，阀门阻力损失为 $h_{f_{c-d}}$。$b \sim e$ 段总阻力损失为 $h'_{f_{b-e}}$，直管阻力损失为 $h_{f_{b-e}}$，阀门阻力损失为 $h_{f_{c-d}}$；由于 $a \sim f$ 段直管长度是 $b \sim e$ 段的 2 倍，由式(6-3) 知，$h_{f_{a-f}} = 2h_{f_{b-e}}$。

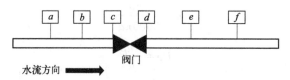

图 6-1 局部阻力管路示意图（长度 $ab=bc$，$de=ef$）

分别在 $a \sim f$ 和 $b \sim e$ 间列伯努利方程，则有：

$$h'_{f_{b-e}} = h_{f_{b-e}} + h_{f_{c-d}} = \frac{\Delta p_{b-e}}{\rho} \tag{6-8}$$

$$h'_{f_{a-f}} = h_{f_{a-f}} + h_{f_{c-d}} = 2h_{f_{b-e}} + h_{f_{c-d}} = \frac{\Delta p_{a-f}}{\rho} \tag{6-9}$$

因此

$$h_{f_{c-d}} = 2h'_{f_{b-e}} - h'_{f_{a-f}} = \frac{2\Delta p_{b-e} - \Delta p_{a-f}}{\rho} = \zeta \frac{u^2}{2} \tag{6-10}$$

由式（6-10）可得，局部阻力系数为：

$$\zeta = \frac{2 \times (2\Delta p_{b-e} - \Delta p_{a-f})}{\rho u^2} \tag{6-11}$$

式中 Δp_{b-e}、Δp_{a-f}——流经 $b \sim e$、$a \sim f$ 段引起的压降，Pa（实验测得）；

ρ——流体在测量温度下的密度，kg/m^3；

u——直管处流速，m/s；

ζ——局部阻力系数。

以上对局部摩擦阻力损失 h_f、局部阻力系数 ζ 的计算方法适用于本实验的阀门管路。

4. 孔板流量计的标定

孔板流量计是利用动能和静压能相互转换的原理设计的，它是以消耗大量机械能为代价的。孔板的开孔越小，通过孔口的平均流速 u_0 越大，孔前后的压差 Δp 也越大，阻力损失也随之增大。具体工作原理结构如图 6-2 所示。

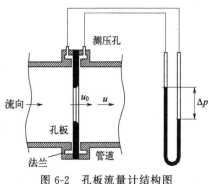

图 6-2 孔板流量计结构图

为了减小流体通过孔口后突然扩大而引起的大量旋涡能耗，在孔板后开一渐扩形圆角。因此孔板流量计的安装是有方向的。若是反方向安装，不光是能耗增大，同时其流量系数也将改变。

孔板流量计计算式为：

$$q = C_0 A_0 \sqrt{\frac{2\Delta p}{\rho}} \tag{6-12}$$

式中 q——流量，m^3/s；

C_0——孔流系数（无量纲，本实验需要标定）；

A_0——孔截面积，m^2；

Δp——压差，Pa；

ρ——管内流体密度，kg/m^3。

（1）C_0 的计算

在实验中，只要测出对应的流量 q 和压差 Δp，即可计算出对应的孔流系数 C_0。

（2）管内 Re 的计算

$$Re=\frac{du\rho}{\mu} \tag{6-13}$$

5. 文丘里流量计的标定

仅仅为了测定流量而引起过多的能耗显然是不合适的，应尽可能设法降低能耗。能耗源于孔板的突然缩小和突然扩大，特别是后者。因此，若设法将测量管段制成如图 6-3 所示的渐缩和渐扩管，避免突然缩小和突然扩大，必然能降低能耗。这种管称为文丘里流量计。

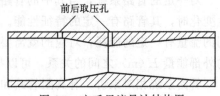

图 6-3　文丘里流量计结构图

文丘里流量计的工作原理与公式推导过程完全与孔板流量计相同，但以 C_v 代替 C_0。因为在同一流量下，文丘里管压差小于孔板，因此 C_v 一定大于 C_0。

在实验中，只要测出对应的流量 q 和压差 Δp，即可计算出对应的系数 C_v。

6. 离心泵性能曲线测定

离心泵的特性曲线取决于泵的结构、尺寸和转速。对于一定的离心泵，在一定的转速下，泵的扬程 H 与流量 q 之间存在一定的关系。此外，离心泵的轴功率 N 和效率 η 亦随泵的流量 q 而改变。因此 H-q、N-q 和 η-q 三条关系曲线反映了离心泵的特性，称为离心泵的特性曲线。

（1）流量 q

本实验装置采用涡轮流量计直接测量泵流量 $q'(\mathrm{m^3/h})$，$q=q'/3600(\mathrm{m^3/s})$。

（2）扬程

在泵进、出口列伯努利方程，有：

$$H_e=\Delta Z+\frac{\left[1-\left(\dfrac{d_{\text{出}}}{d_{\text{进}}}\right)^2\right]u^2}{2g}+\frac{\Delta p}{\rho g}\times10^3 \tag{6-14}$$

式中　H_e——扬程，m；

$\quad\quad \Delta Z$——泵进、出口测压点位差，m；

$d_{\text{进}}$、$d_{\text{出}}$——泵进、出口管路内径，mm；

$\quad\quad u$——泵出口流速，m/s；

$\quad\quad \Delta p$——压差，kPa；

$\quad\quad \rho$——水在测量温度下的密度，$\mathrm{kg/m^3}$；

$\quad\quad g$——重力加速度，取 $9.81\mathrm{m/s^2}$。

（3）泵的总效率

$$\eta=\frac{\text{泵有效功率}}{\text{泵的轴功率}}=\frac{qH\rho g}{N_{\text{轴}}}\times100\% \tag{6-15}$$

（4）泵的轴功率 $N_{\text{轴}}$

$N_{\text{轴}}$ 为电动机的功率乘以电机的效率，其中电机功率（kW）用三相功率表直接测定。

（5）转速校核

应将以上所测参数校正为额定转速 $n'=2850\mathrm{r/min}$ 下的数据来绘制特性曲线图。

$$\frac{q'}{q}=\frac{n'}{n} \quad \frac{H'}{H}=\left(\frac{n'}{n}\right)^2 \quad \frac{N'}{N}=\left(\frac{n'}{n}\right)^3 \tag{6-16}$$

式中　n'——额定转速，$2850\mathrm{r/min}$；

　　　　n——实际转速，$\mathrm{r/min}$。

7. 管路性能曲线

对一定的管路系统，当其中的管路长度、局部管件都确定，且管路上的阀门开度均不发生变化时，其管路有一定的特征性能。根据伯努利方程，最具有代表性和明显的特征是，不同的流量有一定的能耗，对应的就需要一定的外部能量提供。我们根据对应的流量与需提供的外部能量 $H(\mathrm{m})$ 之间的关系，可以描述一定管路的性能。

管路系统相对来讲，有高阻管路和低阻管路系统。本实验将阀门全开时称为低阻管路，将阀门关闭一定值，称为相对高阻管路。

测定管路性能与测定泵性能的区别是，测定管路性能时管路系统是不能变化的，管路内的流量调节不是靠管路调节阀，而是靠改变泵的转速来实现的。用变频器调节泵的转速来改变流量，测出对应流量下泵的扬程，即可计算管路性能了。

四、实验装置与流程

1. 流程图

综合流体力学测定实验流程如图 6-4 所示。

2. 流程说明

管路流程：自来水由离心泵经过流量调节手阀和涡轮流量计到达相应管路，经过相应管路进水阀通过出口管路到达循环水箱。

层流管路：自来水由齿轮泵经过缓冲罐进入层流管路，经过浮子流量计通过出口管路到达循环水箱。

泵综合流程：自来水由离心泵经过流量调节手阀和涡轮流量计到达泵出口管路，经过电动调节阀到达循环水箱。

五、实验步骤

1. 实验前准备

① 熟悉。按事先（实验预习时）分工，熟悉流程及各测量仪表的作用。

② 电源及仪表检查。打开总电源，检查各阀门状态，确认各阀门处于关闭状态。检查压力表、压差显示数值以及涡轮流量计显示是否正常（若不正常，关闭总电源，重启系统）。

③ 水箱液位检查。检查水箱液位计是否达到红色指示范围内，若没有，则加自来水。

④ 灌泵。打开阀门 VA01、VA02、VA22，向泵内加水，当灌泵口有稳定液面出现时，关闭阀 VA01、VA02 和 VA22，等待启动离心泵。

⑤ 启动泵。点击"启动"，选择控制模式（建议半自动模式），设定离心泵频率 50Hz，启动离心泵；当离心泵运行稳定后，观察 PDI/03 读数是否大于 190kPa，若大于，则说明泵已经正常启动，否则需重新灌泵操作。

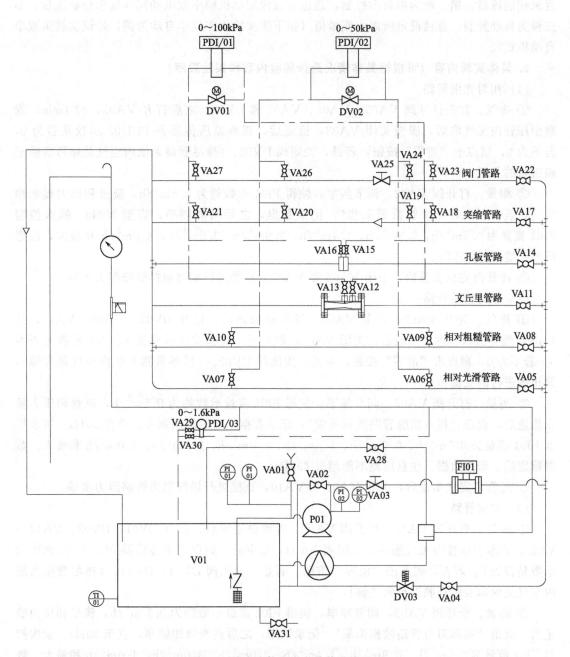

图 6-4 综合流体力学实验装置流程图

VA01—灌泵阀；VA02—排气阀；VA03—流量调节手阀；VA04—泵特性管路阀；VA06，VA07，VA09，VA10，
VA12，VA13，VA15，VA16，VA18，VA19，VA20，VA21，VA23，VA24，VA25，VA26，VA27，VA29，
VA30—引压阀；VA05—相对光滑管路阀；VA08—相对粗糙管路阀；VA11—文丘里管路阀；VA14—孔板
管路阀；VA17—突缩管路阀；VA22—阀门管路阀；VA28—缓冲罐出口阀；VA31—放净阀；
DV01—差压传感器 PDI/01 平衡阀；DV02—差压传感器 PDI/02 平衡阀；
DV03—电动流量调节阀；PDI/03—差压传感器

注：本装置具有三种模式来控制水流量，第一种为手动控制，通过调节闸板阀 VA03 开度来控制流量；第二种为半自动控制，通过直接设定电机频率或电动阀开度来控制流量；第三种为自动控制，直接设定所需水流量值（接下来实验操作以半自动为例，建议实验采取半自动模式）。

2. 具体实验内容（可根据具体情况选择实验内容和实验顺序）

（1）相对光滑管路

① 排气。首先打开阀 VA05、VA06、VA07 和 DV02，之后打开 VA03，约 1min，观察引压管内无气泡后，缓慢关闭 VA03，稳定后，观察差压传感器 PDI/02 示数是否为 0，若不为 0，则点击"清零"按钮，若是，关闭阀 DV02。（排尽管路系统内空气是保障实验正确进行的关键！）

② 测量。打开阀 VA03，调节频率，使得 FI01 示数约为 $0.5m^3/h$，流量和压力显示稳定后，点击"相对光滑管数据采集"，记录数据，之后增加频率，直至 50Hz。依次控制 FI01 流量为 $0.5m^3/h$、$0.9m^3/h$、$1.4m^3/h$、$2.0m^3/h$、$3.0m^3/h$、$4.0m^3/h$ 和最大，注意压差不能超过 45kPa。

③ 此管路完成实验后，关闭 VA06 和 VA07，直接进行相对粗糙管路阻力实验。

（2）相对粗糙管路

① 排气。先开 VA08，再关 VA05，等流量稳定后，打开 DV02、VA09、VA10，约 1min，观察引压管内无气泡后，关闭 VA03，稳定后，观察差压传感器 PDI/02 示数是否为 0，若不为 0，则点击"清零"按钮，若是，关闭阀 DV02。（排尽管路系统内空气是保障实验正确进行的关键！）

② 测量。打开阀 VA03，调节频率，使得 FI01 流量示数约为 $0.5m^3/h$，流量和压力显示稳定后，点击"相对粗糙管路数据采集"，记录数据，之后增加频率，直至 50Hz。依次控制 FI01 流量为 $0.5m^3/h$、$0.9m^3/h$、$1.4m^3/h$、$2.0m^3/h$、$3.0m^3/h$、$4.0m^3/h$ 和最大。数据稳定后，采集数据。注意压差不能超过 45kPa。

③ 此管路完成实验后，关闭 VA09 和 VA10，直接进行局部阻力管路阻力实验。

（3）突缩管路

① 排气。先开阀 VA17，再关阀 VA08，等流量稳定后，打开 DV01、DV02、VA18～VA21，观察引压管内无气泡后，关闭阀 VA03，稳定后，观察差压传感器 PDI/01 和 PDI/02 示数是否为 0。若否，则点击"清零"按钮；若是，关闭阀 DV01、DV02。（排尽管路系统内空气是保障实验正确进行的关键！）

② 测量。全开阀 VA03，调节频率，使得 FI01 流量示数约为 $0.5\ m^3/h$，流量和压力稳定后，点击"局部阻力管路数据采集"，记录数据，之后逐渐增加频率，直至 50Hz。依次控制 FI01 流量为 $0.5m^3/h$、$0.9m^3/h$、$1.4m^3/h$、$2.0m^3/h$、$3.0m^3/h$、$4.0m^3/h$ 和最大。数据稳定后，采集数据。注意 PDI/01 压差不能超过 90kPa，PDI/02 压差不能超过 45kPa。

此管路完成实验后，关闭阀 VA18～VA21，直接进行阀门管路测定实验。

（4）阀门管路

① 排气。先开阀 VA22，再关阀 VA17，等流量稳定后，打开阀 DV01、DV02、VA23～VA27，观察引压管内无气泡后，关闭阀 VA03，稳定后，观察差压传感器 PDI/01 和 PDI/02 示数是否为 0。若否，则点击"清零"按钮；若是，关闭阀 DV01、DV02。（排尽管路系统内空气是保障实验正确进行的关键！）

② 测量。全开阀 VA03，调节频率，使得 FI01 流量示数约为 $0.5m^3/h$，流量和压力稳定后，点击"局部阻力管路数据采集"，记录数据，之后逐渐增加频率，直至 50Hz。依次控制 FI01 流量为 $0.5m^3/h$、$0.9m^3/h$、$1.4m^3/h$、$2.0m^3/h$、$3.0m^3/h$、$4.0m^3/h$ 和最大。数据稳定后，采集数据。注意 PDI/01 压差不能超过 90kPa，PDI/02 压差不能超过 45kPa。

此管路完成实验后，关闭阀 VA23～VA27，直接进行孔板流量计标定实验。

(5) 孔板流量计标定

① 排气。先开阀 VA14，再关阀 VA22，等流量稳定后，打开阀 DV01、VA15、VA16，观察引压管内无气泡后，关闭阀 VA03，稳定后，观察差压传感器 PDI/01 示数是否为 0。若否，则点击"清零"按钮；若是，关闭阀 DV01。（排尽管路系统内空气是保障实验正确进行的关键！）

② 测量。全开 VA03，调节频率，使得 FI01 流量约为 $0.5 m^3/h$，流量和压力稳定后，点击"流量计标定数据采集"，记录数据，之后逐渐增加频率，直至 50Hz。依次控制 FI01 流量为 $0.5m^3/h$、$1m^3/h$、$1.7m^3/h$、$2.5m^3/h$、$3.5m^3/h$、$4.5m^3/h$ 和最大。数据稳定后，采集数据。注意 PDI/01 压差不能超过 90kPa。

此管路完成实验后，关闭阀 VA15、VA16，直接进行文丘里流量计标定实验。

(6) 文丘里流量计标定

① 排气。先开阀 VA11，再关阀 VA14，等流量稳定后，打开阀 DV01、VA12、VA13，观察引压管内无气泡后，关闭阀 VA03，稳定后，观察差压传感器 PDI/01 示数是否为 0。若否，则点击"清零"按钮；若是，关闭阀 DV01。（排尽管路系统内空气是保障实验正确进行的关键！）

② 测量。全开 VA03，调节频率，使得 FI01 流量约为 $0.5 m^3/h$，流量和压力稳定后，点击"流量计标定数据采集"，记录数据，之后逐渐增加频率，直至 50Hz。依次控制 FI01 流量为 $0.5m^3/h$、$1m^3/h$、$1.7m^3/h$、$2.5m^3/h$、$3.5m^3/h$、$4.5m^3/h$ 和最大。数据稳定后，采集数据。注意 PDI/01 压差不能超过 90kPa。

此管路完成实验后，关闭阀 VA12、VA13，直接进行离心泵特性实验。

(7) 离心泵特性曲线测定

① 排气。全开阀门 VA03，开启 DV03，设置开度 100%，关闭 VA11，等流量稳定后，设置 DV03，设置开度为 0。

② 测量。设置 DV03 的开度，使 FI01 流量依次为 $0m^3/h$、$0.7m^3/h$、$1.4m^3/h$、$2.1m^3/h$、$2.8m^3/h$、$3.5m^3/h$、$4.2m^3/h$、$4.9m^3/h$、$5.6m^3/h$、$6.3m^3/h$ 和最大。等流量和压力稳定后，点击"泵特性曲线数据采集"，记录数据。

③ 泵特性曲线测定完成实验后，直接进行管路特性实验。

(8) 管路性能曲线测定（低阻管路）

设置离心泵频率为 50Hz，DV03 开度为 100%，逐渐减小泵的频率使 FI01 流量依次为最大、$6.3m^3/h$、$5.6m^3/h$、$4.9m^3/h$、$4.2m^3/h$、$3.5m^3/h$、$2.8m^3/h$、$2.1m^3/h$、$1.4m^3/h$、$0.7m^3/h$ 和 $0m^3/h$，待流量和压力稳定后，点击"管路特性曲线低阻数据采集"，记录数据。

此低阻管路完成实验后，进行高阻管路特性实验。

(9) 管路性能曲线测定（高阻管路）

设置离心泵频率为 50Hz，调节 DV03 开度为 40%，逐渐减小泵的频率使 FI01 流量依次为最大、6.3m³/h、5.6m³/h、4.9m³/h、4.2m³/h、3.5m³/h、2.8m³/h、2.1m³/h、1.4m³/h、0.7m³/h 和 0m³/h，待流量和压力稳定后，点击"管路特性曲线高阻数据采集"，记录数据。

此高阻管路实验完成后，进行层流管路实验。

（10）层流管路

① 排气。关闭离心泵，打开阀 VA28，启动齿轮泵；打开阀 VA29，观察到引压管内无气泡，关闭阀 VA29；打开阀 VA30，观察到引压管内无气泡，关闭阀 VA30。

② 测量。从大到小依次调节 FI02 流量为 15L/h、12L/h、9L/h、7L/h、5L/h、3L/h，每调节一个流量，待压力和流量稳定后，点击采集数据。

3. 停车复原

实验完成后，使用 U 盘导出数据，停泵，开启所有阀门，放净管路内和水箱中液体后，关闭所有阀门，关闭总电源。

六、注意事项

1. 每次启动离心泵前先检测水箱是否有水，严禁泵内无水空转！

2. 在启动泵前，应检查三相动力电是否正常，若缺相，极易烧坏电机。为保证安全，检查接地是否正常。在泵内有水情况下检查泵的转动方向，若反转流量达不到要求，对泵不利。

3. 长期不用时，应将水箱及管道内水排净，并用湿软布擦拭水箱，防止水垢等杂物附在水箱上面。

4. 严禁学生打开控制柜，以免发生触电。

5. 在冬季室内温度达到冰点时，设备内严禁存水。

6. 操作前，必须将水箱内异物清理干净，需先用抹布擦干净，再往循环水槽内加水，启动泵让水循环流动冲刷管道一段时间，再将循环水槽内水排净，再注入水。

七、实验记录及数据处理

1. 根据设备的功能选择至少 3 个实验，并设计实验方案。

2. 在表中列出实验的原始数据及计算结果数据，并以其中一组数据为例写出计算过程。

3. 在合适的坐标系中绘制关系曲线，并对所测结果与理论值或理论公式进行比较。

八、思考题

1. 在测量前为什么要将设备中的空气排净？如何确定测试系统内的空气是否已经排净？

2. 以水作介质所测得的 $\lambda - Re$ 关系能否适用于其他流体？如何应用？

3. 测压孔的大小和位置，测压导管的粗细和长短对实验有无影响？为什么？

实验 6.2　传热综合性实验

一、实验目的

1. 了解实验流程及各设备（风机、蒸汽发生器、套管换热器）的结构。

2. 掌握管内传热膜系数 α、总传热系数 K 的测定方法，并加深对其概念和影响因素的理解。

3. 掌握确定准数关联式 $Nu = ARe^m Pr^{0.4}$ 中常数 A、m 的测定方法。

4. 了解强化传热膜系数 α 及总传热系数 K 的测定方法，加深对强化传热基本理论的理解。

二、实验内容

1. 用实测法和理论计算法得出管内传热膜系数 $\alpha_{测}$、$\alpha_{计}$，$Nu_{测}$、$Nu_{计}$ 及总传热系数 $K_{测}$、$K_{计}$，分别比较不同的计算值与实测值，并对光滑管与螺纹管的结果进行比较。

2. 在双对数坐标纸上标出 $Nu_{测}$、$Nu_{计}$ 与 Re 的关系，最后用计算机回归出 $Nu_{测}$ 与 Re 的关系，并给出回归的精度（相关系数 R），并对光滑管与螺纹管的结果进行比较。

3. 比较两个 K 值与 α_i、α_0 的关系。

三、实验原理

1. 管内 Nu、α 的测定与计算

（1）管内空气质量流量 G

孔板流量计的标定条件：
$$p_0 = 101325\text{Pa}$$
$$t_0 = (273 + 20)\text{K} \tag{6-17}$$
$$\rho_0 = 1.205\text{kg/m}^3$$

孔板流量计的实际条件：$p_1 = p_0 + p_2$　　（p_2 为进气压力表读数，PI/02）
$$t_1 = 273\text{K} + t_2 \quad (t_2 \text{ 为进气温度，TI/12}) \tag{6-18}$$
$$\rho_1 = \frac{p_1 t_0}{p_0 t_1}\rho_0 \tag{6-19}$$

则实际风量 $V_1(\text{m}^3/\text{h})$ 为
$$V_1 = C_0 A_0 \sqrt{\frac{2p_3}{\rho_1}} \times 3600 \tag{6-20}$$

式中　C_0——孔流系数，0.7；

　　A_0——孔面积，喉径 $d_0 = 0.01391\text{mm}$；

　　p_3——压差，Pa；

　　ρ_1——空气实际密度。

管内空气的质量流量
$$G = \frac{V_1 \rho_1}{3600}(\text{kg/s}) \tag{6-21}$$

（2）管内雷诺数 Re（以套管换热器为例）

因为空气在管内流动时，其温度、密度、风速均发生变化，而质量流量却为定值，因此，其雷诺数的计算按下式进行：
$$Re = \frac{du\rho}{\mu} = \frac{4G}{\pi d\mu} \tag{6-22}$$

式中的物性数据 μ 可按管内定性温度 $t_定 = \dfrac{t_3 + t_4}{2}$（其中，$t_3$ 为 TI/10 套管空气进口温

度，t_4 为 TI/11 套管空气出口温度）求出（以下计算均以光滑管为例）。

（3）热负荷 Q

套管换热器在管外蒸汽和管内空气的换热过程中，管外蒸汽冷凝释放出潜热传递给管内空气，我们以空气为恒算物料进行换热器的热负荷计算。

根据热量衡算式：

$$Q = Gc_p \Delta t \tag{6-23}$$

式中　Δt——空气的温升，$\Delta t = t_4 - t_2$，K；

　　　c_p——定性温度下的空气恒压比热容，kJ/（kg·K）；

　　　G——空气的质量流量，kg/s。

（4）管内 $\alpha_{i测}$ 和 $Nu_{i测}$（实际）

由传热速度方程：

$$Q = \alpha_{i测} A_i \Delta t_m \tag{6-24}$$

得出

$$\alpha_{i测} = \frac{Q}{\Delta t_m A_i} [\text{W/(m}^2 \cdot \text{K)}] \tag{6-25}$$

$$Nu_{i测} = \frac{\alpha_{i测} d_i}{\lambda} \tag{6-26}$$

$$\Delta t_m = \frac{\Delta t_A - \Delta t_B}{\ln(\Delta t_A / \Delta t_B)}$$

$$\Delta t_A = t_5 - t_4$$

$$\Delta t_B = t_6 - t_3 \tag{6-27}$$

式中　A_i——管内表面积，$A_i = \pi d_i L$，m²；

　　　Δt_m——管内平均温度，K；

　　　λ——空气热导率，W/（m·K）；

　　　t_5——套管进口截面壁温 TI/08，K；

　　　t_6——套管出口截面壁温 TI/09，K。

注：$d_i = 18\text{mm}$；$L = 1200\text{mm}$；定性温度 $t_定 = \dfrac{t_3 + t_4}{2}$。

（5）管内 $\alpha_{i计}$ 和 $Nu_{i计}$（计算）

$$\alpha_{i计} = 0.023 \frac{\lambda}{d_i} Re^{0.8} Pr^{0.4} \tag{6-28}$$

$$Nu_{i计} = 0.023 Re^{0.8} Pr^{0.4} \tag{6-29}$$

上式中的物性数据 Pr 均按管内定性温度 $t_定$ 求出。

2. 管外 α 的计算

（1）管外 $\alpha_{o测}$（实际）

管外蒸汽冷凝传热速率方程为：

$$Q = \alpha_{o测} A_o \Delta t_m \tag{6-30}$$

已知管内热负荷 Q，由式（6-30）可得：

$$\alpha_{o测} = \frac{Q}{\Delta t_m A_o} [\text{W/(m}^2 \cdot \text{K)}] \tag{6-31}$$

式中　A_o——管外表面积，$A_o = \pi d_o L$，m²，其中 $d_o = 22\text{mm}$，$L = 1200\text{mm}$；

Δt_{m}——管外平均温度差，K。

$$\Delta t_{\mathrm{m}}=\frac{\Delta t_{\mathrm{A}}-\Delta t_{\mathrm{B}}}{\ln(\Delta t_{\mathrm{A}}/\Delta t_{\mathrm{B}})}=\frac{\Delta t_{\mathrm{A}}+\Delta t_{\mathrm{B}}}{2}$$

$$\Delta t_{\mathrm{A}}=t_7-t_5$$

$$\Delta t_{\mathrm{B}}=t_7-t_6 \tag{6-32}$$

式中　t_7——蒸汽温度 TI/01，K。

（2）管外 $\alpha_{\mathrm{o计}}$（计算）

根据蒸汽在单根水平圆管外按膜状冷凝传热膜系数计算公式，计算出：

$$\alpha_{\mathrm{o计}}=0.725\times\left(\frac{\rho^2 g\lambda^3 r}{d_{\mathrm{o}}\Delta t\mu}\right)^{\frac{1}{4}} \tag{6-33}$$

上式中有关水的物性数据均按管外膜平均温度查取，则

$$t_{\mathrm{定}}=\frac{t_7+\bar{t}_{\mathrm{w}}}{2} \tag{6-34}$$

$$\bar{t}_{\mathrm{W}}=\frac{t_5+t_6}{2} \tag{6-35}$$

$$\Delta t=t_7-\bar{t}_{\mathrm{w}} \tag{6-36}$$

3. 总传热系数 K 的计算

（1）$K_{\mathrm{o测}}$（实际）

总传热方程为：

$$Q=K_{\mathrm{o测}}A_{\mathrm{o}}\Delta t_{\mathrm{m总}} \tag{6-37}$$

已知管内热负荷 Q，由式（6-37）可得：

$$K_{\mathrm{o测}}=\frac{Q}{A_{\mathrm{o}}\Delta t_{\mathrm{m总}}} \tag{6-38}$$

式中　A_{o}——管外表面积，$A_{\mathrm{o}}=\pi d_{\mathrm{o}}L$，m^2；

$\Delta t_{\mathrm{m总}}$——平均温度差，K。

$$\Delta t_{\mathrm{m总}}=\frac{\Delta t_{\mathrm{A}}-\Delta t_{\mathrm{B}}}{\ln(\Delta t_{\mathrm{A}}/\Delta t_{\mathrm{B}})}$$

$$\Delta t_{\mathrm{A}}=t_7-t_3$$

$$\Delta t_{\mathrm{B}}=t_7-t_4 \tag{6-39}$$

（2）$K_{\mathrm{o计}}$（计算）

$$\frac{1}{K_{\mathrm{o计}}}=\frac{d_{\mathrm{o}}}{d_{\mathrm{i}}}\left(\frac{1}{\alpha_{\mathrm{i}}}+R_{\mathrm{i}}\right)+\frac{d_{\mathrm{o}}}{d_{\mathrm{m}}}\times\frac{b}{\lambda}+R_{\mathrm{o}}+\frac{1}{\alpha_{\mathrm{o}}} \tag{6-40}$$

式中　R_{i}，R_{o}——管内和管外污垢热阻，可忽略不计；

λ——铜热导率，380W/(m·K)；

d_{m}——平均直径，$d_{\mathrm{m}}=(d_{\mathrm{i}}+d_{\mathrm{o}})/2$，m；

b——铜管壁厚，$b=(d_{\mathrm{o}}-d_{\mathrm{i}})/2$，m。

由于污垢热阻可忽略，上式可简化为：

$$\frac{1}{K_{\mathrm{o计}}}=\frac{d_{\mathrm{o}}}{d_{\mathrm{i}}}\times\frac{1}{\alpha_{\mathrm{i}}}+\frac{d_{\mathrm{o}}}{d_{\mathrm{m}}}\times\frac{b}{\lambda}+\frac{1}{\alpha_{\mathrm{o}}} \tag{6-41}$$

四、实验装置与流程

1. 流程图

实验装置与流程如图 6-5 所示。

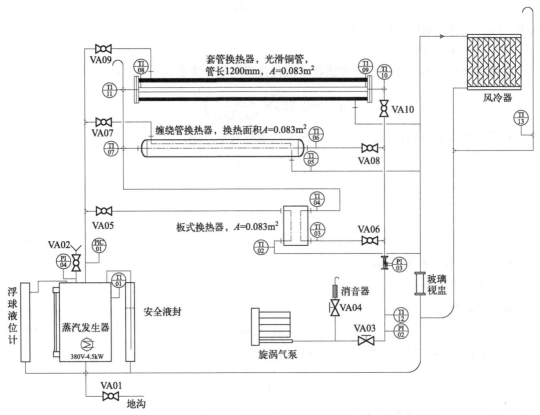

图 6-5 综合传热实验流程图

VA01—蒸汽发生器放净阀；VA02—蒸汽发生器加水阀；VA03—气泵进气调节阀；VA04—旁路阀；VA05—板式蒸汽
进气阀；VA06—板式空气进气阀；VA07—缠绕式蒸汽进气阀；VA08—缠绕式空气进气阀；VA09—套管蒸汽进气阀；
VA10—套管空气进气阀；TI/01—蒸汽温度；TI/02—板式蒸汽出口温度；TI/03—板式空气进口温度；TI/04—板式
空气出口温度；TI/05—缠绕式蒸汽出口温度；TI/06—缠绕式空气进口温度；TI/07—缠绕式空气出口温度；
TI/08—套管进口截面壁温；TI/09—套管出口截面壁温；TI/10—套管空气进口温度；TI/11—套管空气出口
温度；TI/12—旋涡气泵出口气温（校正用）；TI/13—排空温度；PIC/01—蒸汽发生器压力；
PI/02—旋涡气泵出口压力（校正用）；PI/03—文丘里流量计压差

2. 流程说明

本装置主体为套管换热器、缠绕管换热器和板式换热器三种换热器，换热面积均为
0.083m² 左右。同时，为了强化传热，本装置配备有 SK 型静态混合器，可以增强套管换热
器管内空气扰动，进而提高换热效率。

冷空气由旋涡气泵送出，经文丘里流量计后进入换热器与蒸汽进行换热后，自另一端排
出放空。在空气进、出口分别装有 2 支热电阻，可分别测出空气进出口温度；空气管路前端
分别设置一个测压点 PI/02 和一个测温点 TI/12，用于文丘里流量计算时对空气密度的
校正。

蒸汽进入换热器后，冷凝释放潜热（蒸汽出口装有1支热电阻，确保实验过程中，蒸汽饱和），未冷凝的蒸汽则经过风冷器冷却，冷凝液则回流到蒸汽发生器内再利用，为防止蒸汽内有不凝气体，本装置设置有不凝气放空口。

五、实验步骤

1. 实验前准备工作

① 熟悉。熟悉流程及各测量仪表的作用。

② 检查水位。检查蒸汽发生器液位是否处于红线标记范围内，若没有，则需打开加水阀VA02，通过加水口补充蒸馏水，完成后关闭VA02。

注：浮球式开关与加热关联，当液位较低时（低于一半时），为了防止干烧，加热不能启动。

③ 检查电源。检查装置外供电是否正常；检查装置控制柜内空开是否闭合（首次操作时需要检查，控制柜内多是电气元件，建议控制柜空开可以长期闭合，不要经常开启控制柜）。

④ 检查阀门状态。检查各阀门状态。

⑤ 打开装置控制柜上面总开关旋钮，检查触摸屏上温度、压力等测点是否显示正常。

注：本装置具有三种模式来控制风机的风量，第一种为手动控制，通过调节闸板阀VA03开度来控制风量；第二种为半自动控制，通过直接设定气泵频率来调节风量；第三种为自动控制，直接设定所需风流量值（接下来实验操作以自动为例，建议实验采取自动模式）。

2. 传热实验

（1）套管（普通型）换热器

① 预热。打开阀VA09，点击触摸屏上"开始加热"按钮，设定蒸汽压力（建议0.25kPa），蒸汽发生器开始加热。待温度TI/09＞98℃时，打开阀VA10，点击触摸屏上"开启"按钮，选择控制流量（建议自动模式），设定旋涡气泵频率（空气最小流量稳定在10m³/h左右），启动旋涡气泵。

② 传热。待套管换热器温度显示稳定后（可认为TI/11的数值20s不变稳定状态），点击"普通采集"按钮，记录数据。之后逐渐增大旋涡气泵频率，继续实验。推荐采集数据依次控制在空气流量V_1为10m³/h、12m³/h、14m³/h、17m³/h、20m³/h、24m³/h、28m³/h和32m³/h。

③ 套管（普通型）换热器传热实验结束后，可进行套管（加强型）换热器传热实验。

（2）套管（加强型）换热器

① 安装静态混合器。先查看套管换热器温度TI/11是否大于50℃，若大于，则等待温度降低后安装（建议降温时调节气泵频率为20Hz左右），安装过程中，尽量减少肢体与套管空气进口管路接触，以防烫伤。

安装程序：设定旋涡气泵频率为0Hz，关闭阀VA10，拧松套管换热器空气进口管路最右侧的卡箍，取下盲板，将一侧焊有盲板的静态混合器插入紫铜管中（注意密封垫），拧紧卡箍。

② 传热。打开阀门VA10，设定旋涡气泵频率，使空气流量稳定在10m³/h左右，套管换热器温度稳定后（可认为TI/11的数值20s不变为稳定状态），点击"加强采集"按钮，记录数据，之后逐渐增大旋涡气泵频率，继续实验。推荐采集数据依次控制在空气流量V_1为10m³/h、12m³/h、14m³/h、17m³/h、20m³/h、24m³/h、28m³/h。

③ 套管（加强型）换热器传热实验结束后，可进行缠绕管换热器传热实验。

（3）缠绕管换热器

① 打开VA07和VA08，关闭VA09和VA10，设定旋涡气泵频率，使空气流量稳定

$10m^3/h$ 左右时，等待缠绕管换热器温度稳定后（可认为 TI/07 的数值 20s 不变为稳定状态），点击"数据采集"按钮，记录数据，之后逐渐增大旋涡气泵频率，继续实验。推荐采集数据依次控制在空气流量 V 为 $10m^3/h$、$12m^3/h$、$14m^3/h$、$17m^3/h$、$20m^3/h$、$24m^3/h$、$28m^3/h$。

② 缠绕管换热器传热实验结束后，可进行板式换热器传热实验。

（4）板式换热器

打开阀 VA05 和阀 VA06，关闭 VA07 和 VA08。设定旋涡气泵频率，使空气流量稳定在 $10m^3/h$ 左右，等待板式换热器温度稳定后（可认为 TI/04 的数值 20s 不变为稳定状态），点击数据"采集按钮"，记录数据，之后逐渐增大旋涡气泵频率，继续实验。推荐采集数据依次控制在空气流量 V 为 $10m^3/h$、$12m^3/h$、$14m^3/h$、$17m^3/h$、$20m^3/h$。

板式换热器传热实验结束后，进行停车。

3. 停车复原

实验完成后，使用 U 盘导出数据，点击"停止加热"关闭蒸汽发生器，打开阀 VA08、VA10，对装置进行降温，待换热器温度低于 60℃时，关闭旋涡气泵，关闭所有阀门，关闭总电源（实验结束后，如长期不使用，则打开阀 VA01，放净蒸汽发生器中的水）。

六、注意事项

1. 在启动风机前，应检查三相动力电是否正常，缺相容易烧坏电机，同时为保证安全，实验前检查接地是否正常。

2. 每组实验前应检查蒸汽发生器内的水位是否合适，水位过低或无水，电加热会烧坏。电加热是湿式电加热，严禁干烧。

3. 长期不用时，应将设备内水放净。

4. 严禁学生打开电柜，以免发生触电。

七、实验记录及数据处理

1. 列出原始数据表及数据处理结果表，并以其中一组数据为例，进行数据计算。

2. 在同一个坐标系中绘制普通套管换热器、缠绕管换热器及板式换热器的 Nu-Re 关系图，并写出其关联式。

3. 比较通过实验得到的普通套管换热器的关联式与 $Nu = 0.023Re^{0.8}Pr^{0.4}$，分析实验中存在的误差。

八、思考题

1. 随着风量增加，套管换热器管内传热系数如何变化？

2. 套管换热器经验计算 $Nu_{计}$ 和实际测定 $Nu_{测}$ 存在差异的原因有哪些？

3. 比较几种换热器传热效果，研究其换热效果存在差异的主要原因有哪些？

实验 6.3　液-液萃取虚实结合实验

本实验项目主要用于实验室中有实体装置，但出于安全等因素不能进行实际运行操作，只是利用现有实体装置，让学生了解实验设备的实际构造，然后通过与实体装置具有相同或相似装置结构及操作方法的虚拟仿真实验进行操作并获取数据，对所获取的实验数据进行处理。虚实结合，完成实验项目。

一、实验目的

1. 了解桨叶式旋转萃取塔的构造与操作，观察萃取塔内两相流动现象。
2. 掌握液-液萃取塔的原理及其操作方法。
3. 掌握液-液萃取塔传质单元高度或总体积传质系数的测定原理和方法。

二、实验内容

1. 通过实体装置，认识仪器各部件与结构，了解设备运行流程。
2. 通过虚拟仿真实验进行模拟操作，并观察不同搅拌转速时，塔内液滴变化情况和流动状态。
3. 固定两相流量，测定不同搅拌转速时的传质单元数、传质单元高度及总传质系数。

三、实验原理

液-液萃取是分离液体混合物的一种单元操作。向欲分离的液体混合物（原料液）中加入一种与其不互溶或部分互溶的溶剂，形成两相系统，由于混合液中各组分在两相中分配性质的差异，易溶组分较多地进入溶剂相，从而实现混合液的分离。萃取过程中所用的溶剂称为萃取剂，混合液中欲分离的组分称为溶质，混合液中原有的溶剂称为原溶剂。萃取剂应对溶质具有较大的溶解能力，与原溶剂应不互溶或部分互溶。

桨叶式旋转萃取塔是一种有外加能量的萃取设备。在塔内由环形隔板将塔分成若干段，每段的旋转轴上装有桨叶，在萃取过程中，由于桨叶的搅动，增加了分散相的分离程度，促进了相际接触表面的更新和扩大。隔板的作用是限制纵向搅拌，防止由于纵向返混而降低传质推动力，以保证萃取效率的提高。

本实验以水为萃取剂，从煤油中萃取苯甲酸。苯甲酸在煤油中的浓度约为 0.2%（质量分数）。水相为萃取相（用字母 E 表示，在本实验中又称连续相、重相）。煤油相为萃余相（用字母 R 表示，本实验中又称分散相、轻相）。轻相由塔底进入，作为分散相向上流动，经塔顶分离段分离后由塔顶流出；重相由塔顶进入，作为连续相向下流动至塔底经 π 形管流出；轻重两相在塔内呈逆向流动。在萃取过程中，苯甲酸部分地从萃余相转移至萃取相。萃取相及萃余相进出口浓度由容量分析法测定。考虑水与煤油是完全不互溶的，且苯甲酸在两相中的浓度都很低，可认为在萃取过程中两相液体的体积流量不发生变化。

萃取塔的分离效率可以用传质单元高度 H_{OE} 或理论级当量高度 h_e 表示。下面介绍传质单元高度和总体积传质系数的计算。萃取塔的传质示意如图 6-6 所示。

（1）按萃取相计算传质单元数 N_{OE}

$$N_{OE} = \int_{Y_{Et}}^{Y_{Eb}} \frac{dY_E}{Y_E^* - Y_E}$$

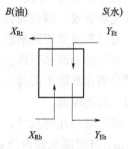

图 6-6 萃取塔传质示意
S 为水流量，B 为油流量，
Y 为水浓度，X 为油浓度，
下标 E 为萃取相，下标 t 为塔顶，
下标 R 为萃余相，下标 b 为塔底

式中　Y_{Et}——苯甲酸在进入塔顶的萃取相中的质量比，kg（苯甲酸）/kg（水），本实验中 $Y_{Et}=0$；

$\quad Y_{Eb}$——苯甲酸在离开塔底萃取相中的质量比，kg（苯甲酸）/kg（水）；

$\quad Y_{E}$——苯甲酸在塔内某一高度处萃取相中的质量比，kg（苯甲酸）/kg（水）；

$\quad Y_{E}^{*}$——与苯甲酸在塔内某一高度处萃余相组成 X_R 平衡的萃取相中的质量比，kg（苯甲酸）/kg（水）。

用 Y_E-X_R 图上的分配曲线（平衡曲线）与操作线可求得 $\dfrac{1}{Y_E^*-Y_E}$-Y_E 的关系，再进行图解积分或利用辛普森求积分方法可求得 N_{OE}。对于水-煤油-苯甲酸物系，Y_{Et}-X_R 图上的分配曲线可由实验测定得出。

（2）按萃取相计算的传质单元高度 H_{OE}

$$H_{OE}=H/N_{OE} \tag{6-42}$$

（3）按萃取相计算的总体积传质系数

$$K_{Y_E}a=S/(H_{OE}\varOmega) \tag{6-43}$$

（4）流量计校正

$$\frac{V_2}{V_1}=\sqrt{\frac{\rho_1\times(\rho_f-\rho_2)}{\rho_2\times(\rho_f-\rho_1)}} \tag{6-44}$$

式中　V_1——厂家标定时所用液体（本流量计为油）流量，m^3；

$\quad V_2$——实际液体流量，m^3；

$\quad \rho_1$——厂家标定时所用液体密度，kg/m^3；

$\quad \rho_2$——实际液体密度，kg/m^3；

$\quad \rho_f$——转子流量计密度，kg/m^3。

四、实验装置与流程

1. 桨叶式旋转萃取塔（实体设备）

实验用桨叶式旋转萃取塔（图 6-7），塔身由玻璃制成，塔身总高为 1000mm，内径 37mm，塔顶与塔底的法兰由 4 根拉杆固定，法兰盘与塔身间用填料密封。塔内有 16 个环形隔板将塔分为 15 段，隔板间距为 40mm，每段的中部各有在同轴上安装的由三片桨叶组成的搅动装置。转动轴自身穿出塔外与安装在塔顶的电动机主轴相连。电动机为直流电动机，通过调压变压器来改变电动机电枢电压的方法作无级变速。操作时的转速由指示仪表给出。在塔的上部和下部各有 230mm 的分离段，轻相与重相将在该分离段内分离。两相的入口管分别在萃取塔内向上或向下延伸一定的长度，萃取塔的有效高度 H 则为两相入口管的管口之间的距离。

萃取塔的几何尺寸：塔身总高=1000mm；塔的有效高度 H=720mm；塔的内径 D=37mm；环形隔板的内径 $d_{环}$=26mm；环形隔板的间距=40mm；桨叶的直径 21mm；环形隔板的个数为 16。

2. 虚拟仿真实验装置

虚拟仿真实验装置如图 6-8 所示，主要设备为桨叶式旋转萃取塔，它是一种外加能量的萃取设备。在塔内由环行隔板将塔分成若干段，每段的旋转轴上装设有桨叶。在萃取过程中

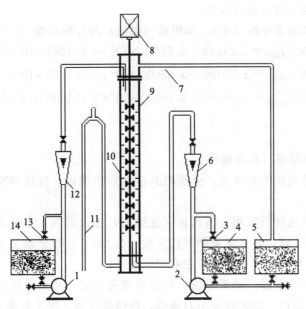

图 6-7　萃取塔实验装置流程示意图

1—水泵；2—油泵；3—煤油回流阀；4—煤油原料箱；5—煤油回收箱；6—煤油流量计；7—回流管；
8—电动机；9—萃取塔；10—桨叶；11—π形管；12—水转子流量计；13—水回流阀；14—水箱

由于桨叶的搅动，增加了分散相的分散程度，促进了相际接触表面积的更新与扩大。隔板在一定程度上抑制了轴向返混，因而桨叶式旋转萃取塔的效率较高。桨叶转速若太高，也会导致两相乳化，难以分相。重相经储液槽、泵、转子流量计等进入塔顶，轻相经另一储液槽、泵、转子流量计等进入塔底。

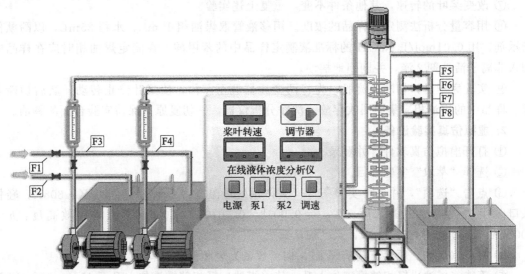

图 6-8　萃取塔虚拟仿真实验装置流程示意图

具体物性数据、设备结构信息如下：

① $T=288K$、$298K$、$308K$，油密度$=798kg/m^3$、$800kg/m^3$、$803kg/m^3$。

② 塔内径 60mm，转子密度 $7900kg/m^3$。

③ 其余信息可通过观察设备得到。

④ 完全不互溶体系苯甲酸（水）/苯甲酸（煤油）的分配系数（$y=Kx$）：

$$K_{T,288K}=1.27083-4.77501\times10^2 x+7.1667\times10^4 x^2$$
$$K_{T,298K}=1.30100-5.65000\times10^2 x+1.0200\times10^5 x^2$$
$$K_{T,308K}=1.31650-6.10500\times10^2 x+1.1500\times10^5 x^2$$

五、实验步骤

1. 桨叶式旋转萃取塔（实体设备）

① 开动水及煤油两相的旋涡泵，分别将其送入高位槽内，待液体有溢流后才可进行下一步操作。

② 全开水转子流量计调节阀，将水相（连续相）送入塔内，当塔内水面快上升到重相入口和轻相出口间中点时，将水流量调至指定值（4L/h），并缓慢改变 π 形管高度，使塔内液位稳定在重相入口与轻相出口间中点左右的位置上。

③ 先将两个调压变压器都调至零位，然后再接通电源，开动电动机，适当地调节两个变压器使其转速达指标值。调速时应小心谨慎，慢慢地升速，绝不能调节过快致使电动机产生"飞转"而损坏设备。

④ 将煤油相流量调至指定值（6L/h），并注意及时调节 π 形管高度，始终使塔顶分离段的两相界面位于重相入口与轻相出口间的中点左右。

⑤ 在操作过程中，要绝对避免塔顶的两相界面在重相入口以下及轻相出口以上，否则会导致重相混入轻相储罐。

⑥ 操作稳定半小时以后，用锥形管收集轻相进、出口的样品各 30mL，重相出口样品 40~50mL 以备分析。

⑦ 改变桨叶的转速，其他条件不变，重复上述实验。

⑧ 用容量分析法测定各样品的浓度。用移液管取煤油相 10mL、水相 25mL，以酚酞作指示剂，用 0.01mol/L NaOH 的标准液滴定样品中的苯甲酸，在滴定煤油相时应在样品中加入非离子活性剂 2 滴，并剧烈地摇动。

⑨ 实验完毕后，切断各流股，先将两变压器调至零位，使桨叶停止转动，然后切断电源。样品中的煤油相应集中回收存放，洗净分析仪器，一切复原，保持实验台面的整洁。

2. 虚拟仿真实验设备

① 打开虚拟仿真软件，并登录。

② 选择"萃取"实验项目。

③ 点击"选项"，并选择实验条件（流体预处理温度：$T=288K$、298K、308K；轻相入口苯甲酸在煤油中的浓度：$X_{Rb}=0.0018$、0.0010、0.0026；萃取塔有效高度：$h=800mm$、1200mm、1600mm），点"确认"。

④ 打开（煤油）原料液调节阀 F1，向（煤油）轻相储槽进料。

⑤ 等待（煤油）轻相储槽液位上升，使（煤油）轻相储槽液位上升至 40%~90% 之间。

⑥ 关闭（煤油）原料液调节阀 F1。

⑦ 打开（水）原料液调节阀 F2，向（水）重相储槽进料。

⑧ 等待（水）重相储槽液位上升，使（水）重相储槽液位上升至 40%~90% 之间。

⑨ 关闭（水）原料液调节阀 F2。

⑩ 打开总电源开关，为加料泵和搅拌系统供电。

⑪ 打开水泵开关（泵 2）开关，准备向萃取塔输送重相原料液。

⑫ 打开（水）重相流量调节阀 F3，向萃取塔输送重相原料。

⑬ 等待 E 相相对高度上升，使 E 相相对高度上升至 80％左右。

⑭ 打开油泵开关（泵 1），准备向萃取塔输送轻相原料液。

⑮ 打开（煤油）轻相流量调节阀 F4，向萃取塔输送轻相原料。

⑯ 打开桨叶电机开关（调速开关），使塔顶冷凝器开始工作，冷凝塔顶产品。

⑰ 缓慢调节桨叶转速调节器，调节桨叶转速。

⑱ 打开界面高度调节阀 F5，开始萃取。

⑲ 观察顶层轻相出口浓度和底层重相出口浓度，等待浓度趋于稳定。

⑳ 点击"记录"按钮，记录当前实验数据。

㉑ 重复步骤⑰～⑳。测量不同桨叶转速下的传质系数，测得总体积传质系数 $K_{Y_E}a$-桨叶转速 n_t 关系曲线。（最少测量 12 组数据。）

㉒ 实验结束。

㉓ 关闭（煤油）轻相流量调节阀 F4。

㉔ 关闭（水）重相流量调节阀 F3。

㉕ 关闭油泵开关（泵 1）。

㉖ 关闭水泵开关（泵 2）。

㉗ 调节桨叶转速调节器将桨叶转速调为 0。

㉘ 关闭桨叶电机开关（调速开关）。

㉙ 关闭总电源开关。

㉚ 打开排液调节阀，将萃取塔中的液体排空。

㉛ 关闭排液调节阀。

㉜ 点击"处理"按钮，查看实验数据处理结果。

㉝ 点击"评价"按钮，查看实验操作评分。

㉞ 点击"上传"按钮，上传实验操作评分。

㉟ 点击"离开"按钮，离开当前实验操作界面。

六、实验记录及数据处理

1. 用数据表列出实验的全部数据，并以某一组数据为例进行计算，写出计算全过程。

2. 取两个不同转速，列出在所选转速条件下的 X_R-Y_E^* 的平衡关系。

3. 采用图解积分法求解传质单元数，并对所求结果进行比较与讨论。

七、注意事项

1. 以水为连续相、煤油为分散相时，分界面在塔顶，要注意控制塔顶分界面稳定。

2. 改变转速时，调节幅度要慢，以免调速过快损坏设备。

八、思考题

1. 在萃取过程中选择连续相、分散相的原则是什么？萃取塔有什么特点？萃取过程对哪些体系最适合？

2. 塔内桨叶的转速越高，液滴被分散得越细，两相的接触面积越大，因此转速越高越好，对吗？为什么？

3. 操作温度对萃取分离效果有何影响？如何选择萃取操作的温度？

4. 增大溶剂比对萃取分离效果有何影响？

5. 当萃余液含量一定时，溶质的分配系数对所需的溶剂量有何影响？

实验 6.4　精馏综合实验

一、实验目的

1. 学习精馏塔的操作方法，了解板式塔精馏过程、塔板上气液流动状态，识别精馏塔板上出现的几种操作状态。

2. 学习精馏塔性能参数的测量方法，并掌握其影响因素。

3. 了解精馏过程的动态特性，提高对精馏过程的认识。

4. 了解用阿贝折射仪测定混合液组成的方法。

二、实验内容

本实验为设计型综合实验，学生应在教师协助下独立设计出完整实验方案。

1. 测定全回流不同操作状态下的全塔效率。

2. 测定部分回流、不同回流比或不同加热功率条件下的产品组成及全塔效率（实际进料量或调节进料量）。

三、实验原理

根据进料组成、产品的分离要求、进料状态、操作的回流比和塔釜加热量，控制进料量，严格维持物料平衡。

要维持总物料平衡即

$$F = D + W \tag{6-45}$$

同时满足各组分的物料平衡，即满足

$$Dx_D + Wx_W = Fx_F \tag{6-46}$$

由式(6-45)、式(6-46) 得到 $D = \dfrac{x_F - x_W}{x_D - x_W} F$ \tag{6-47}

$$W = \dfrac{x_D - x_F}{x_D - x_W} F \tag{6-48}$$

塔釜上升蒸汽量与进料状态的关系

$$V' = V + (q-1)F$$
$$V = D(R+1) = V' - (q-1)F$$
$$D = \dfrac{V' - (q-1)F}{R+1} \tag{6-49}$$

将式(6-49) 代入式(6-47)

$$\dfrac{V' - (q-1)F}{R+1} = \dfrac{x_F - x_W}{x_D - x_W} F$$

$$F=\frac{V'}{(R+1)\left(\dfrac{x_{F}-x_{W}}{x_{D}-x_{W}}-\dfrac{q-1}{R+1}\right)} \tag{6-50}$$

式中　V──精馏段的上升蒸汽量，mol/s；

　　　R──操作回流比；

　　　V'──提馏段上升蒸汽量，mol/s；

　　　D──塔顶产品量，mol/s；

　　　F──进料量，mol/s；

　　　q──进料热状态参数；

　　　x_{D}──塔顶组成（摩尔分数）；

　　　x_{W}──塔釜进料组成（摩尔分数）；

　　　x_{F}──进料组成（摩尔分数）。

从上式可以看出，对于塔釜一定的加热量，即一定的上升蒸汽量，回流比越大，进料量相对减少，应调小进料量。对于一定的进料量，回流比越大，则上升蒸汽量必须增大。对一定的回流比，进料量加大，则上升蒸汽量必须随之增大，这样才有可能保持物料平衡，使精馏塔稳定操作。

本实验采用乙醇-水体系。

1. 乙醇-水体系特征

乙醇-水体系的平衡数据如表 6-1 所示，乙醇-水体系的 y-x 图及 t-x-y 图如图 6-9 所示。

表 6-1　平衡数据表

序号	$t/℃$	$x/\%$	$y/\%$
1	100.0	0.00	0.00
2	95.50	1.90	17.00
3	89.00	7.21	38.91
4	86.70	9.66	43.75
5	85.30	12.38	47.04
6	84.10	16.61	50.89
7	82.70	23.37	54.45
8	82.30	26.08	55.80
9	81.50	32.73	58.26
10	80.70	39.65	61.22
11	79.80	50.79	65.64
12	79.70	51.98	65.99
13	79.30	57.32	68.41
14	78.74	67.63	73.85
15	78.41	74.72	78.15
16	78.15	89.43	89.43

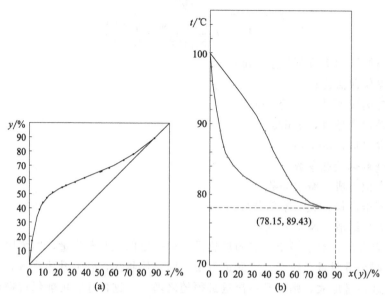

图 6-9　乙醇-水系统的 y-x 图（a）及 t-x-y 图（b）

乙醇-水系统属于非理想溶液，具有较大正偏差。最低恒沸点为 78.15℃，恒沸组成为 0.8943（摩尔分数）

（1）普通精馏塔塔顶组成 $x_D \leqslant 0.8943$，若要达到高纯度就需采用其他特殊精馏方法。

（2）为非理想体系，平衡曲线不能用 $y = f(\alpha,x)$ 来描述，只能用原平衡数据。

2. 全回流操作

全回流操作的乙醇-水系统理论板图解如图 6-10 所示。

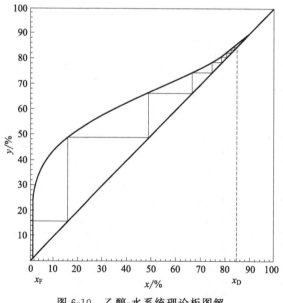

图 6-10　乙醇-水系统理论板图解

特征：

（1）塔与外界无物料流（不进料，也无产品采出）。

（2）操作线为 $y = x$（即每板间上升的气相组成＝下降的液相组成）。

（3）x_D、x_W 最大化，理论板数最小化。

在实际工业生产中，全回流操作应用于设备的开/停车阶段，使系统运行尽快达到稳定。

3. 部分回流操作

可以得到以下物理量：

温度（℃）：t_F。

组成摩尔分数：x_D、x_F、x_W。

流量（L/h）：F（进料量）、D（塔顶采出量）、L（塔顶回流量）。

回流比：$R = L/D$。

精馏段操作线：

$$y = \frac{R}{R+1}x + \frac{x_D}{R+1}$$

进料热状况 q：

实验中，进料液体温度低于泡点温度，为冷液进料，$q > 1$，此时 q 值可通过下式计算：

$$q = \frac{r_{m,p} + c_{m,p}(t_b - t)}{r_{m,p}}$$

式中　$c_{m,p}$——进料液的平均摩尔比热容，kJ/(kmol·℃)；

　　　t_b——进料液泡点温度，℃；

　　　t——进料液实际温度，℃；

　　　$r_{m,p}$——进料平均摩尔汽化热，kJ/kmol。

q 线方程：

$$y_q = \frac{q}{q-1}x_q - \frac{x_F}{q-1}$$

d 点坐标：

由精馏段操作线方程和 q 线方程可解得其交点坐标 (x_d, y_d)。

提馏段操作线方程：

根据 (x_W, x_W) 和 (x_d, y_d) 两点坐标，利用两点式可求得提馏段操作线方程。

根据以上计算结果，作出相图（图 6-11）。根据作图法可求出部分回流下的理论板数 $N_{理论}$。根据以上求得的部分回流的理论板数，从而可分别求得全塔效率 E_T：

$$E_T = \frac{N_{理论} - 1}{N_{实际}} \times 100\%$$

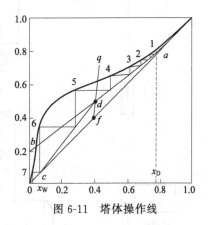

图 6-11　塔体操作线

四、实验装置与流程

实验室共有两套筛板精馏塔可供实验用。

（一）实验设备 1

实验装置流程如图 6-12 所示。

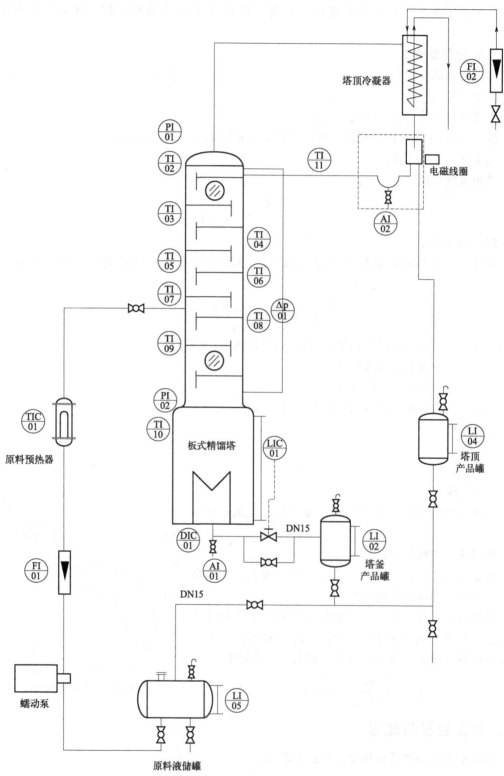

图 6-12 筛板精馏塔（实验设备 1）实验装置流程示意图

本套实验装置参数为：塔板直径 50mm；板间距 100mm；筛孔直径 2mm；开孔率 6.6%；塔板数 8；进料板位置，从塔顶开始第 6 块板；进料口数量 1；进料泵最大流量 4L/h；进料加热器功率 400W；塔釜最大加热功率 800W。

质量分数与折射率的关系（30℃）：

$$w = 31.9425\, n_{D} - 42.5565$$

式中，w 为质量分数；n_{D} 为折射率。

（二）实验设备 2

（1）流程图

实验设备 2 流程图如图 6-13 所示。

（2）流程说明

① 进料：进料泵（齿轮泵）从原料罐内抽出原料液，经流量计 FI05 后，进入塔内，可通过调节转速控制流量（0～160mL/min）。此外，齿轮泵用于塔釜液循环以及原料的搅拌。

② 塔顶出料：塔内蒸汽经塔顶全凝器换热，蒸汽走管程，冷却水走壳程，蒸汽冷凝成液体，经回流比控制器系统，一路经转子流量计 FI01 后回流到塔内，一路经转子流量计 FI02，进入产品罐。回流控制具有自动和手动两种模式。

③ 塔釜出料：塔釜溢流液与塔釜换热器换热后，流入塔釜残液罐。

④ 冷却水：冷却水流出一路经流量计 FI04 流入塔顶冷凝器换热，换热后，流入地沟；另一路则经流量计 FI03 流入塔釜热交换器，进行换热，之后流入地沟。

（3）设备仪表参数

① 精馏塔：塔内径 $D = 68$mm，塔内采用筛板及圆形降液管，共有 15 块板。

② 塔板：筛板上孔径 $d = 3.0$mm，筛孔数 $N = 50$ 个，开孔 9.73%。

③ 进料泵：磁力泵，380V，最高扬程 10m，型号 MP-55RZM-380。

④ 流量计：1～10L/h（进料），1～10L/h（回流），2.5～25mL/min（采出），16～160L/h（冷却水 1），1～11L/min（冷却水 2）。

⑤ 总加热功率：2×3kW。

⑥ 压力传感器：0～10kPa。

⑦ 温度传感器：Pt100，直径 3mm。

五、实验步骤

（一）实验设备 1

1. 精馏塔总板效率测定（全回流）

① 打开冷却水阀和塔顶放空阀，从塔顶取样口放空塔顶冷凝器中残液，并检查馏出液槽的进口阀是否已经关闭（必须关闭）。

② 检查塔釜的液位是否在液位计的 2/3 位置。

③ 打开电源及电加热器开关，根据原料不同调节合适温度。

④ 待从玻璃塔节处看到塔板已完全鼓泡后，温度可适当调小，以控制塔板上的泡沫层不超过塔节高度的 1/3，防止过多的雾沫夹带。

⑤ 稳定操作 20～30min 后，可开始从塔顶、塔釜取样口同时取样分析。

⑥ 如果连续 2 次（时间间隔应在 10min 以上）分析结果的误差不超过 5%，即认为已达

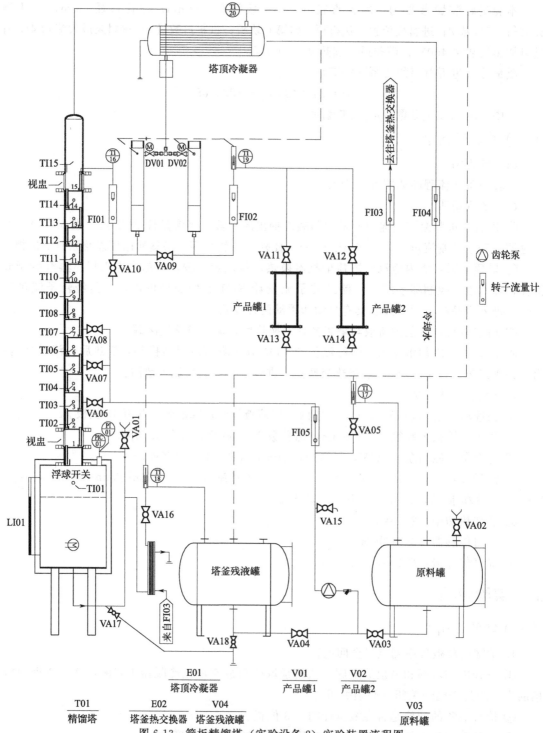

图 6-13　筛板精馏塔（实验设备 2）实验装置流程图

VA01—塔釜再沸器加料阀；VA02—原料罐加料阀；VA03—原料罐底部出料阀；VA04—塔釜残液罐底部出料阀；
VA05—循环混料阀；VA06—低组分进料阀；VA07—中组分进料阀；VA08—高组分进料阀；VA09—手/自动切换阀；
VA10—回流取样阀；VA11—产品进料阀；VA12—产品进料阀；VA13—产品罐 1 放净阀；VA14—产品罐 2 放净阀；
VA15—原料取样阀；VA16—再沸器取样阀；VA17—塔釜放净阀；VA18—塔釜残液罐放净阀；TI01—塔釜再沸器
温度；TI02～TI14—筛板塔塔板温度；TI15—塔顶放空温度；TI16—回流温度；TI17—原料液温度；TI18—塔釜
残液温度；TI19—产品温度；TI20—尾气温度；PIC01—塔釜再沸器压力（控制）；PI01—塔釜再沸器压力
（显示）；FI01—产品回流量；FI02—产品采出流量；FI03—塔釜残液冷却水流量；FI04—塔顶冷凝器
冷却水流量；FI05—原料液进料流量

到实验要求。否则，需再次取样分析，直至达到要求。

⑦ 完成实验后，先关闭加热电源，待塔板上完全干板后再关闭冷却水阀。

2. 精馏塔连续操作实验（部分回流）

① 打开冷却水阀和塔顶放空阀，从塔顶取样口放空塔顶冷凝器中残液。

② 检查塔釜的液位是否在液位计的 2/3 位置。

③ 打开电源及电加热器开关，根据原料不同调节合适温度。

④ 待从玻璃塔节处看到塔板已完全鼓泡后，温度可适当调小，以控制塔板上的泡沫层不超过塔节高度的 1/3，防止过多的雾沫夹带。

⑤ 稳定操作 20~30min 后，可开始从塔顶、塔釜取样口同时取样分析。

⑥ 如果连续 2 次（时间间隔应在 10min 以上）分析结果的误差不超过 5%，即认为已达到开车要求。否则，需再次取样分析，直至达到要求。

⑦ 打开塔顶馏出液槽的进口阀和放空阀，开始控制开度小一些，以保证塔板上的操作稳定，操作 20~30min 后打开回流流量计阀门开始部分回流操作，并打开产品流量计阀门开始出料（控制回流比小一些，以确保产品含量达到 90% 以上）至产品瓶，同时还要启动进料泵（先灌料，检查出口阀是否全关闭），再打开泵出口阀和进料阀，控制流量稍大于产品流量，以确保物料平衡。

⑧ 稳定操作，每隔 20~30min 分析一次产品，以确保产品质量，并随时检查塔釜液位，若超过最高显示刻度，则应放出部分釜液（不得低于液位计的 2/3）。

⑨ 待获得的合格产品量达到 500mL 以上，算达到实验要求。

⑩ 完成实验后，先关闭加热电源，待塔板上完全干板后再关闭冷却水阀。

（二）实验设备 2

1. 开车

（1）确认阀门状态

检查装置阀门，所有阀门均处于关闭状态。

（2）检查

打开控制柜面板上"总电源"旋钮，检查触摸屏上压力、液位、温度和流量显示数值显示是否正常（若不正常，关闭总电源，重启系统），检测产品罐内是否放净。

（3）塔釜加液

查看塔釜液位，若塔釜液位低于 250mm，则打开阀门 VA01，向釜内加入清水（也可以将约 5%（体积分数）的乙醇水溶液直接加入釜中，这样可以减少全回流稳定时间），直至塔釜液位不发生变化为止。

（4）塔釜加热

设定塔釜压力为 1.0kPa，点击"开始"按钮，进行塔釜加热。

（5）原料 [25%（体积分数）] 配制

打开阀门 VA02、VA03 和 VA05，向原料罐中加入 3L 的水和 1L 的乙醇溶液，关闭阀门 VA02，启动齿轮泵，对溶液进行循环搅拌，约 5min 后，关闭阀门 VA05，打开取样阀 VA15，取样，对原料液实际含量进行测量。

2. 全回流操作

（1）开冷却水

当塔釜温度 TI01＞85℃时，打开冷却水，控制 FI04 的流量为 1L/min，FI03 的流量为

60L/min。

（2）全回流操作

打开 FI01、FI02 流量计，当回流流量计 FI01 有稳定流量时，观察塔板温度 TI07，若大于 85℃，则向塔内进料。

在触摸屏点击"进料泵启动"按钮，设定齿轮泵流量为 80mL/min，调整 FI05 流量为 80mL/min，打开进料阀 VA08，观察塔板温度 TI07，若大于 85℃，则向釜内进料，操作为：在触摸屏上点击"自动"按钮，设定流量 6L/h，可观察到 TI07 温度逐渐下降，当温度接近 85℃时，可逐渐减小进料量，控制 TI07 温度在 80～85℃之间。若小于 80℃，则说明塔内乙醇含量较高，需要采出，操作为：选择"部分回流"操作，选择"自动"，可观察到 TI07 温度逐渐上升，当温度接近 82℃时，可点击"停止"，使得 TI07 温度在 80～85℃之间。

注：此步骤是为了在全回流状态下控制灵敏板（第七块塔板）的温度在 80～85℃之间，使得塔内状态稳定易操作。

3. 部分回流

（1）设定回流比

当全回流操作稳定后，点击触摸屏回流比控制器"启动"，设定回流比 R（建议 $R=4$ 或 8）（手动模式下，打开 VA09 手/自动切换阀，按回流比调整 FI01 和 FI02 流量）。

（2）塔内进料

点击触摸屏上"进料泵启动"按钮，在弹出窗口中输入设定流量为 120mL/min，调整 FI05 流量约为 120mL/min，流量设定大小以 TI07 的温度为参照，当温度低于 80℃时，应逐渐减小进料，当高于 85℃时，应增大进料。

（3）取样分析

当精馏塔状态稳定后，需要对塔顶产品采样时，则缓慢打开阀门 VA10 取样，对塔釜产品取样需要打开阀门 VA16。

（4）数据记录

记录进料流量、采出流量以及塔釜到塔顶的温度。

4. 停车复原

（1）塔内乙醇采出

实验完毕，关闭进料泵，设定回流比 $R=2$，当 TI15＞85℃时，关闭回流比控制器，点击塔釜加热"停止"。

（2）关机

当 TI15＜75℃时，关闭冷水机，关闭总开关，等筛板上无气液时关闭冷却水，若装置长时间不用，应放净装置内的水。

六、注意事项

1. 开车前应预先按工艺要求检查（或配制）料液的组成与数量。

2. 开车前，必须认真检查塔釜的液位，看是否有足够的料液（最低控制液位应在液位计的中间位置）。

3. 预热开始后，要及时开启冷却水阀和塔顶放空阀，利用上升蒸汽将不凝气排出塔外；当釜液加热至沸腾后，需严格控制加热量。

4. 开车时必须在全回流下操作，稳定后再转入部分回流，以减少开车时间。

5. 进入部分回流操作时，要预先选择好回流比和加料口位置。注意必须在全回流操作状况完全稳定以后，才能转入部分回流操作。

6. 操作中应保证物料的基本平衡，塔釜内的液面应维持基本不变。

7. 操作时必须严格注意塔釜压强和灵敏板温度的变化，在保证塔板上正常鼓泡层的前提下，严格控制塔板上的泡沫层高度不超过板间距的 1/3，并及时进行调节控制，以确保精馏过程的稳定正常操作。

8. 取样必须在稳定操作时才能进行，塔顶、塔釜最好能同时取样，取样量应以满足分析的需要为度，取样过多会影响塔内的稳定操作。分析用过的样品应倒回料液槽内。

9. 停车时，应先停进、出料，再停加热系统，过 4～6min 后再停冷却水，使塔内余气尽可能被完全冷凝下来。

10. 严格控制塔釜电加热器的输入功率，必须确保塔釜内的料液液面不低于液位计的 2/3（塔釜加热管以上），以免烧坏电加热器。

11. 开启转子流量计的控制阀时不要开得过快，以免冲坏或顶死转子。

七、实验记录及数据处理

1. 描述不同加热量时塔板上不同流体的流动状态。

2. 计算全回流条件下，不同加热功率（即塔板上不同气液接触状态）下的塔效率。

3. 计算不同加热电压或不同回流比下的全塔效率。

八、思考题

1. 精馏塔操作中，塔釜压力为什么是一个重要参数，塔釜压力与哪些因素有关？

2. 如何判断精馏塔操作是否稳定，它受哪些因素影响？

3. 板式精馏塔有几种不同操作状态？

4. 液泛现象受哪些因素影响？为了提高塔的液泛速度可采取哪些措施？

5. 为什么对精馏塔的塔体保温？

6. 用转子流量计测量原料液的量，计算时怎样校正？

7. 全回流情况下，改变加热功率对塔的分离效率有何影响？

实验 6.5 离心泵串联和并联实验

一、实验目的

1. 了解离心泵的操作及有关仪表的使用方法。

2. 测定单台离心泵在固定转速下的操作特性，作出特性曲线。

3. 测定比较两台相同离心泵在串、并联时的 $H\text{-}Q$ 特性曲线，并进行比较。

泵综合性能测定
实验装置

二、实验原理

1. 单台离心泵性能曲线测定

离心泵的特性曲线取决于泵的结构、尺寸和转速。对于一定的离心泵，在一定的转速下，泵的扬程 H 与流量 Q 之间存在一定的关系。此外，离心泵的轴功率 N 和效率 η 亦随泵的流量而改变。因此 H-Q、N-Q 和 η-Q 三条关系曲线反映了离心泵的特性，称为离心泵的特性曲线。由于离心泵内部作用的复杂性，其特性曲线必须用实验方法测定。

（1）流量 Q

本实验采用涡轮流量计直接测量 $Q'[\mathrm{m}^3/\mathrm{h}]$，$Q = Q'/3600(\mathrm{m}^3/\mathrm{s})$

（2）扬程

可在泵的进、出口两测压点之间列伯努利方程

$$H = \frac{p_2' - p_1'}{\rho g} \times 10^6 = \frac{\Delta p}{\rho g} \times 10^6 \qquad (6\text{-}51)$$

式中　Δp——泵进（p_1'）出（p_2'）差压读数，MPa；

　　　ρ——流体（水）在操作温度下的密度，$\mathrm{kg/m}^3$；

　　　g——重力加速度，$9.81\mathrm{m/s}^2$。

（3）轴功率 $N_{轴}$

$$N_{轴} = N_{电} \eta_{电} \qquad (6\text{-}52)$$

轴功率，可以用三相功率表直接测定再乘以电机效率获得。本型号电机的效率为固定值 0.755。

（4）泵的总效率

$$\eta = \frac{泵有效功率}{泵的轴功率} = \frac{QH\rho g}{N_{轴}} \times 100\% \qquad (6\text{-}53)$$

（5）转速校核

应将以上所测参数校正为额定转速 $n' = 2850\mathrm{r/min}$ 下的数据来绘制特性曲线图。

$$\frac{Q'}{Q} = \frac{n'}{n} \quad \frac{H'}{H} = \left(\frac{n'}{n}\right)^2 \quad \frac{N'}{N} = \left(\frac{n'}{n}\right)^3 \qquad (6\text{-}54)$$

式中　n'——额定转速，$2850\mathrm{r/min}$；

　　　n——实际转速，$\mathrm{r/min}$。

2. 离心泵的串、并联操作特性曲线

完全相同的两台离心泵，可进行串、并联操作，在串、并联操作时，由于泵本身的误差，不可能保证在完全相同的转速和功率下进行，因此，测定转速和功率已失去意义。在此，可认为在相同转速和功率下进行，因此，只测定扬程和流量的关系即可。

计算方法完全与单台泵相同。注意操作好串、并联即可。

三、实验装置与流程

1. 流程图

离心泵性能测定实验装置流程如图 6-14 所示。

2. 流程说明

单台离心泵 A 工作：循环水由水箱经单向阀进入离心泵 A 入口，泵出至阀门 VA04，经涡轮流量计计量，通过流量调节阀 VA05 流回水箱。

泵 A、B 串联工作：循环水由水箱经单向阀进入离心泵 A 入口，泵出流经阀门 VA02，进入离心泵 B 入口，由离心泵出口流经涡轮流量计，通过流量调节阀 VA05 流回水箱。

泵 A、B 并联工作：循环水由水箱经单向阀进入离心泵 A 入口，泵出至阀门 VA04，同

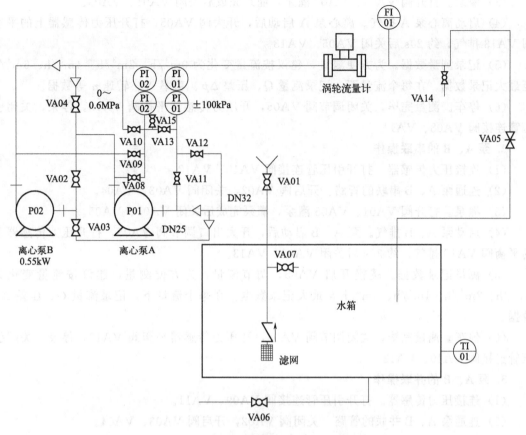

图 6-14　离心泵性能测定实验装置流程图

VA01—灌泵阀；VA02—串联阀；VA03—入口并联阀；VA04—出口并联阀；VA05—流量调节阀；VA06—水箱
放净阀；VA07—泵放净阀；VA08～VA12—引压管连接阀；VA13，VA15—离心泵进、出口压力测量管排气阀；
VA14—管路排液阀；TI01—循环水温度；PI01—泵进口压力；PI02—泵出口压力；FI01—循环水流量

时经阀门 VA03 进入离心泵 B 入口，泵出与离心泵 A 出口汇合，流经涡轮流量计，通过流量调节阀 VA05 流回水箱。

3. 设备仪表参数

离心泵：型号 MS100/0.55，550W，6m³/h，H＝14m。

循环水箱：聚丙烯材质，710mm×490mm×380mm（长×宽×高）。

涡轮流量计：0.8～15m³/h。

压力传感器 1：测量范围－100～100kPa。

压力传感器 2：测量范围 0～600kPa。

温度传感器：Pt100，航空接头。

四、实验步骤

1. 单台泵 A 的操作

（1）连接压力传感器。打开引压管连接阀 VA08、VA11。

（2）连通单台泵 A 的管路。开启 VA04，阀 VA02、VA03 关闭。

（3）灌泵。打开阀 VA01、VA05 灌泵，灌泵完成后关闭 VA01、VA05。

（4）启动离心泵 A 排气。离心泵 A 启动后，开大阀 VA05，打开压力传感器上的平衡阀 VA13 排气，约 20s 后关闭 VA05、VA13。

（5）记录测量数据。为方便测量，建议按流量变化为 $0m^3/h$、$2m^3/h$、$4m^3/h$、$6m^3/h$ 至最大记录数据。在每个流量下，记录流量 Q、压差 Δp、功率 N、转速 n 等数据。

（6）停车。测量完毕，关闭调节阀 VA05，开压力传感器平衡阀 VA13，停泵，关闭引压管连接阀 VA08、VA11。

2. 泵 A、B 的串联操作

（1）连接压力传感器。打开引压管连接阀 VA10、VA12。

（2）连通泵 A、B 串联的管路。开启阀 VA02，关闭阀 VA03、VA04。

（3）灌泵。打开阀 VA01、VA05 灌泵，灌泵完成后关闭 VA01、VA05。

（4）启动泵 A、B 排气。泵 A、B 启动后，开大出口调节阀 VA05，打开压力传感器上的平衡阀 VA13 排气，约 20s 后关闭 VA05、VA13。

（5）测量记录数据。缓慢开启 VA05，调节流量，为方便测量，建议按流量变化为 $0m^3/h$、$2m^3/h$、$4m^3/h$、$6m^3/h$ 至最大记录数据。在每个流量下，记录流量 Q、压差 Δp 数据。

（6）停车。测量完毕，关闭调节阀 VA05，开压力传感器平衡阀 VA13，停泵，关闭引压管连接阀 VA10、VA12。

3. 泵 A、B 的并联操作

（1）连接压力传感器。打开引压管连接阀 VA09、VA11。

（2）连通泵 A、B 并联的管路。关闭阀 VA02，开启阀 VA03、VA04。

（3）灌泵。打开阀 VA01、VA05 灌泵，灌泵完成后关闭 VA01、VA05。

（4）启动泵 A、B 排气。泵 A、B 启动后，开大出口调节阀 VA05，打开压力传感器上的平衡阀 VA13 排气，约 20s 后关闭 VA05、VA13。

（5）记录测量数据。为方便测量，建议按流量变化为 $0m^3/h$、$2m^3/h$、$4m^3/h$、$6m^3/h$ 至最大记录数据。在每个流量下，记录流量 Q、压差 Δp 数据。

（6）停车。测量完毕，关闭调节阀 VA05，开压力传感器平衡阀 VA13，停泵，关闭引压管连接阀 VA09、VA11。

五、注意事项

1. 每次启动离心泵前先检测水箱是否有水，严禁泵内无水空转！

2. 在启动泵前，应检查三相动力电是否正常，若缺相，极易烧坏电机；为保证安全，检查接地是否正常；在泵内有水情况下检查泵的转动方向，若反转流量达不到要求，对泵不利。

3. 长期不用时，应将水箱及管道内水排净，并用湿软布擦拭水箱，防止水垢等杂物附在水箱上面。

4. 严禁学生打开控制柜，以免触电。

5. 在冬季室内温度达到冰点时，设备内严禁存水。

6. 操作前，必须将水箱内异物清理干净，需先用抹布擦干净，再往循环水槽内加水，启动泵让水循环流动冲刷管道一段时间，再将循环水槽内水排净，再注入水。

六、实验记录及数据处理

1. 采用所测数据求出扬程和流量，并绘制出对应的扬程-流量曲线。
2. 选取一组数据，进行数据处理举例。

七、思考题

1. 将两台单泵扬程与流量性能曲线分别按竖加法和横加法原理，绘制出串联与并联的扬程与流量性能曲线，并与实测进行比较。
2. 曲线绘制好后，画出任一条管路性能曲线，分别找出单泵运行和联合运行时的工作点，比较联合运行与单泵运行时扬程及流量的加和关系。
3. 若单泵加和曲线与实测不符，分析原因。

参 考 文 献

[1] 郭翠梨.化工原理实验.2版.北京：高等教育出版社，2013.

[2] 吴晓艺.化工原理实验.北京：清华大学出版社，2013.

[3] 熊航行，许维秀.化工原理实验.北京：化学工业出版社，2016.

[4] 张金利，郭翠梨，胡瑞杰，等.化工原理实验.2版.天津：天津大学出版社，2016.

[5] 居沈贵，夏毅，武文良.化工原理实验.北京：化学工业出版社，2016.

[6] 史贤林，张秋香，周文勇，等.化工原理实验.北京：化学工业出版社，2019.